中国重要农业文化遗产系列读本

贵州从江
侗乡稻-鱼-鸭系统

GUIZHOU CONGJIANG
DONGXIANG DAOYUYA XITONG

闵庆文　邵建成◎丛书主编
张　丹　闵庆文◎主编

中国农业出版社

图书在版编目（CIP）数据

贵州从江侗乡稻－鱼－鸭系统 / 张丹，闵庆文主编. -- 北京：中国农业出版社，2014.10
（中国重要农业文化遗产系列读本 / 闵庆文，邵建成主编）
ISBN 978-7-109-19563-9

Ⅰ．①贵… Ⅱ．①张… ②闵… Ⅲ．①农业系统—介绍—贵州省 Ⅳ．① F327.73

中国版本图书馆CIP数据核字（2014）第226392号

中国农业出版社出版
（北京市朝阳区麦子店街18号楼）
（邮政编码 100125）
责任编辑 胡 键

北京中科印刷有限公司印刷 新华书店北京发行所发行
2015年10月第1版 2015年10月北京第1次印刷

开本：710mm × 1000mm 1/16 印张：10.5
字数：230千字
定价：39.00元

编写委员会

丛书主编：闵庆文　邵建成

主　　编：张　丹　闵庆文

副 主 编：谌洪光　焦雯珺　胡彦燕

编　　委（按姓名笔画排序）：

史媛媛　白艳莹　刘　珊　刘华钧

刘某承　孙业红　李峥嵘　杨海龙

吴　莉　何　露　张　凯　徐远涛

蒋正才

丛书策划：宋　毅　刘博浩

序言 1

重要农业文化遗产是沉睡农耕文明的呼唤者，是濒危多样物种的拯救者，是悠久历史文化的传承者，是可持续性农业的活态保护者。

重要农业文化遗产——源远流长

回顾历史长河，重要农业文化遗产的昨天，源远流长，星光熠熠，悠久历史积淀下来的农耕文明凝聚着祖先的智慧结晶。中国是世界农业最早的起源地之一，悠久的农业对中华民族的生存发展和文明创造产生了深远的影响，中华文明起源于农耕文明。距今1万年前的新石器时代，人们学会了种植谷物与驯养牲畜，开始农业生产，很多人类不可或缺的重要农作物起源于中国。

《诗经》中描绘了古时农业大发展，春耕夏耘秋收的农耕景象："畟畟良耜，俶载南亩。播厥百谷，实函斯活。或来瞻女，载筐及莒，其饟伊黍。其笠伊纠，其镈斯赵，以薅荼蓼。荼蓼朽止，黍稷茂止。获之挃挃，积之栗栗。其崇如墉，其比如栉。以开百室，百室盈止。"又有诗云"绿遍山原白满川，子规声里雨如烟。乡村四月闲人少，才了蚕桑又插田"。《诗经·周颂》云"载芟，春籍田而祈社稷也"，每逢春耕，天子都要率诸侯行观耕藉田礼。至此中华五千年沉淀下了悠久深厚的农耕文明。

农耕文明是我国古代农业文明的主要载体，是孕育中华文明的重要组成部分，是中华文明立足传承之根基。中华民族在长达数千年的生息发展过程中，凭借着独特而多样的自然条件和人类的勤劳与智慧，创造了种类繁多、特色明显、经济与生态价值高度统一的传统农业生产系统，不仅推动了农业的发展，保障了百姓的生计，促进了社会的进步，也由此衍生和创造了悠久灿烂的中华文明，是老祖宗留给我们的宝贵遗产。千岭万壑中鳞次栉比的梯田，烟波浩渺的古茶庄园，波光粼粼和谐共生的稻鱼系统，广袤无垠的草原游牧部落，见证着祖先吃苦耐劳和生生不息的精神，孕育着自然美、生态美、人文美、和谐美。

重要农业文化遗产——传承保护

时至今日，我国农耕文化中的许多理念、思想和对自然规律的认知，在现代生活中仍具有很强的应用价值，在农民的日常生活和农业生产中仍起着潜移默化的作用，在保护民族特色、传承文化传统中发挥着重要的基础作用。挖掘、保护、传承和利用我国重要农业文化遗产，不仅对弘扬中华农业文化，增强国民对民族文化的认同感、自豪感，以及促进农业可持续发展具有重要意义，而且把重要农业文化遗产作为丰富休闲农业的历史文化资源和景观资源加以开发利用，能够增强产业发展后劲，带动遗产地农民就业增收，实现在利用中传承和保护。

习近平总书记曾在中央农村工作会议上指出，“农耕文化是我国农业的宝贵财富，是中华文化的重要组成部分，不仅不能丢，而且要不断发扬光大”。2015年，中央一号文件指出要“积极开发农业多种功能，挖掘乡村生态休闲、旅游观光、文化教育价值。扶持建设一批具有历史、地域、民族特点的特色景观旅游村镇，打造形式多样、特色鲜明的乡村旅游休闲产品”。2015政府工作报告提出“文化是民族的精神命脉和创造源泉。要践行社会主义核心价值观，弘扬中华优秀传统文化。重视文物、非物质文化遗产保护”。当前，深入贯彻中央有关决策部署，采取切实可行的措施，加快中国重要农业文化遗产的发掘、保护、传承和利用工作，是各级农业行政管理部门的一项重要职责和使命。

由于尚缺乏系统有效的保护，在经济快速发展、城镇化加快推进和现代技术应用的过程中，一些重要农业文化遗产正面临着被破坏、被遗忘、被抛弃的危险。近年来，农业部高度重视重要农业文化遗产挖掘保护工作，按照“在发掘中保护、在利用中传承”的思路，在全国部署开展了中国重要农业文化遗产发掘工作。发掘农业文化遗产的历史价值、文化和社会功能，探索传承的途径、方法，逐步形成中国重要农业文化遗产动态保护机制，努力实现文化、生态、社会和经济效益的统一，推动遗产地经济社会协调可持续发展。组建农业部全球重要农业文化遗产专家委员会，制定《中国重要农业文化遗产认定标准》《中国重要农业文化遗产申报书编写导则》和《农业文化遗产保护与发展规划编写导则》，指导有关省区市积极申报。认定了云南红河哈尼稻作梯田系统、江苏兴化垛田传统农业系统等39个中国重要农业文化遗产，其中全球重要农业文化遗产11个，数量占全球重要农业文化遗产总数的35%，目前，第三批中国重要农业文化遗产发掘工作也已启动。这些遗产包括传统稻作系统、特色农业系统、复合农业系统和传统特色果园等多种类型，具有悠久的历史渊源、独特的农业产品、丰富的生物资源、完善的知识技术体系以及较高的美学和文化价值，在活态性、适应性、复合性、战略性、多功能性和濒危性等方面具有显著特征。

重要农业文化遗产——灿烂辉煌

重要农业文化遗产有着源远流长的昨天，现今，我们致力于做好传承保护工作，相信未来将会迎来更加灿烂辉煌的明天。发掘农业文化遗产是传承弘扬中华文化的重要内容。农业文化遗产蕴含着天人合一、以人为本、取物顺时、循环利用的哲学思想，具有较高的经济、文化、生态、社会和科研价值，是中华民族的文化瑰宝。

未来工作要强调对于兼具生产功能、文化功能、生态功能等为一体的农业文化遗产的科学认识，不断完善管理办法，逐步建立“政府主导、多方参与、分级管理”的体制；强调“生产性保护”对于农业文化遗产保护的重要性，逐步建立农业文化遗产的动态保护与适应性管理机制，探索农业生态补偿、特色优质农产品开发、休闲农业与乡村旅游发展等方面的途径；深刻认识农业文化遗产保护的必要性、紧迫性、艰巨性，探索农业文化遗产保护与现代农业发展协调机制，特别要重视生态环境脆弱、民族文化丰厚、经济发展落后地区的农业文化遗产发掘、确定与保护、利用工作。各级农业行政管理部门要加大工作指导，对已经认定的中国重要农业文化遗产，督促遗产所在地按照要求树立遗产标识，按照申报时编制的保护发展规划和管理办法做好工作。要继续重点遴选重要农业文化遗产，列入中国重要农业文化遗产和全球重要农业文化遗产名录。同时要加大宣传推介，营造良好的社会环境，深挖农业文化遗产的精神内涵和精髓，并以动态保护的形式进行展示，能够向公众宣传优秀的生态哲学思想，提高大众的保护意识，带动全社会对民族文化的关注和认知，促进中华文化的传承和弘扬。

由农业部农产品加工局（乡镇企业局）指导，中国农业出版社出版的“中国重要农业文化遗产系列读本”是对我国农业文化遗产的一次系统真实的记录和生动的展示，相信丛书的出版将在我国重要文化遗产发掘保护中发挥重要意义和积极作用。未来，农耕文明的火种仍将亘古延续，和天地并存，与日月同辉，发掘和保护好祖先留下的这些宝贵财富，任重道远，我们将在这条道路上继续前行，力图为人类社会发展做出新贡献。

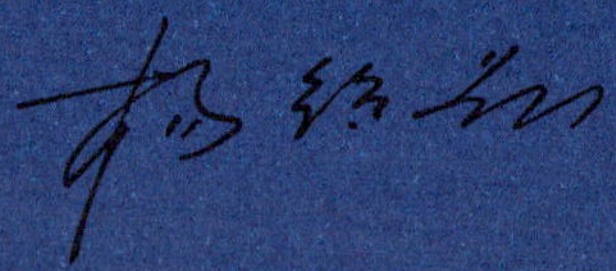

农业部党组成员

序言 2

自人类历史文明以来，勤劳的中国人民运用自己的聪明智慧，与自然共融共存，依山而住、傍水而居，经一代代的努力和积累创造出了悠久而灿烂的中华农耕文明，成为中华传统文化的重要基础和组成部分，并曾引领世界农业文明数千年，其中所蕴含的丰富的生态哲学思想和生态农业理念，至今对于国际可持续农业的发展依然具有重要的指导意义和参考价值。

针对工业化农业所造成的农业生物多样性丧失、农业生态系统功能退化、农业生态环境质量下降、农业可持续发展能力减弱、农业文化传承受阻等问题，联合国粮农组织（FAO）于2002年在全球环境基金（GEF）等国际组织和有关国家政府的支持下，发起了“全球重要农业文化遗产（GIAHS）”项目，以发掘、保护、利用、传承世界范围内具有重要意义的，包括农业物种资源与生物多样性、传统知识和技术、农业生态与文化景观、农业可持续发展模式等在内的传统农业系统。

全球重要农业文化遗产的概念和理念甫一提出，就得到了国际社会的广泛响应和支持。截至2014年底，已有13个国家的31项传统农业系统被列入GIAHS保护名录。经过努力，在今年6月刚刚结束的联合国粮农组织大会上，已明确将GIAHS工作作为一项重要工作，并纳入常规预算支持。

中国是最早响应并积极支持该项工作的国家之一，并在全球重要农业文化遗产申报与保护、中国重要农业文化遗产发掘与保护、推进重要农业文化遗产领域的国际合作、促进遗产地居民和全社会农业文化遗产保护意识的提高、促进遗产地经济社会可持续发展和传统文化传承、人才培养与能力建设、农业文化遗产价值评估和动态保护机制与途径探索等方面取得了令世人瞩目的成绩，成为全球农业文化遗产保护的榜样，成为理论和实践高度融合的新的学科生长点、农业国际合作的特色工作、美丽乡村建设和农村生态文明建设的重要抓手。自2005年“浙江青田稻鱼共生系统”被列为首批“全球重要农业文化遗产系统”以来的10年间，我国已拥有11个全球重要农业文化遗产，居于世界各国之首；2012年开展中国重要农业文化遗产发掘与保护，2013年和2014年共有39个项目得到认定，成为最早开展国家级农业文化遗产发掘与保护的国家；重要农业文化遗产管理的体制与机制趋于完善，并初步建立了“保护优先、合理利用，整体保护、协调发展，动态保护、功能拓展，多方参与、惠益共享”的保护方针和“政府主导、分级管理、多方参与”的管理机制；从历史文化、系统功能、动态保护、发展战略等方面开展了多学科综合研究，初步形成了一支包括农业历史、农业生态、农业经济、农业政策、农业旅游、乡村发展、农业民俗以及民族学与人类学等领域专家在内的研究队伍；通过技术指导、示范带动等多种途径，有效保护了遗产地农业生物多样性与传统文化，促进了农业与农村的可持续发展，提高了农户的文化自觉性和自豪感，改善了农村生态环境，带动了休闲农业与乡村旅游的发展，提高了农民收入与农村经济发展水平，产生了良好的生态效益、社会效益和经济效益。

习近平总书记指出，农耕文化是我国农业的宝贵财富，是中华文化的重要组成部分，不仅不能丢，而且要不断发扬光大。农村是我国传统文明的发源地，乡土文化的根不能断，农村不能成为荒芜的农村、留守的农村、记忆中的故园。这是对我国农业文化遗产重要性的高度概括，也为我国农业文化遗产的保护与发展指明了方向。

尽管中国在农业文化遗产保护与发展上已处于世界领先地位，但比较而言仍然属于“新生事物”，仍有很多人对农业文化遗产的价值和保护重要性缺乏认识，加强科普宣传仍然有很长的路要走。在农业部农产品加工局（乡镇企业局）的支持下，中国农业出版社组织、闵庆文研究员担任丛书主编的这套“中国重要农业文化遗产系列读本”，无疑是农业文化遗产保护宣传方面的一个有益尝试。每本书均由参与遗产申报的科研人员和地方管理人员共同完成，力图以朴实的语言、图文并茂的形式，全面介绍各农业文化遗产的系统特征与价值、传统知识与技术、生态文化与景观以及保护与发展等内容，并附以地方旅游景点、特色饮食、天气条件。可以说，这套书既是读者了解我国农业文化遗产宝贵财富的参考书，同时又是一套农业文化遗产地旅游的导游书。

我十分乐意向大家推荐这套丛书，也期望通过这套书的出版发行，使更多的人关注和参与到农业文化遗产的保护工作中来，为我国农业文化的传承与弘扬、农业的可持续发展、美丽乡村的建设作出贡献。

是为序。

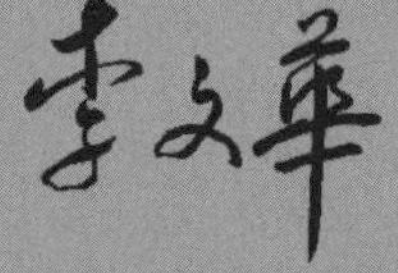

中国工程院院士

联合国粮农组织全球重要农业文化遗产指导委员会主席

农业部全球/中国重要农业文化遗产专家委员会主任委员

中国农学会农业文化遗产分会主任委员

中国科学院地理科学与资源研究所自然与文化遗产研究中心主任

2015年6月30日

前言

在黔东南层峦叠嶂的大山里，在清澈的都柳江畔，有一片侗族人集中聚居区，称之为“侗乡”。侗乡人将鱼、鸭引入稻田，形成了独特的稻–鱼–鸭系统。该系统不仅可以提供多样化的农产品，还可以提供蓄洪防旱、降解污染、调节局地气候、保护生物多样性等多种生态服务功能。同时，侗族先民通过人工手段在山坡之上建构梯田、挖掘鱼塘、保护森林，形成了鱼塘–稻田–森林的生态景观结构，构成了独特的水土保持和产出高效的山地生态农业系统。稻–鱼–鸭系统不仅是侗族人赖以生存的生计模式，也是侗族传统文化的传承载体。无论是侗族建筑的布局和造型，还是特有的民俗风情，或者传统农业背后的社会组织制度，都与侗族这种传统的生计模式有着密切的关系。2011年，贵州从江侗乡稻–鱼–鸭系统以其丰富的生物多样性、独特的农业生产模式、古朴的少数民族传统文化，成功入选联合国粮农组织全球重要农业文化遗产（GIAHS）名录，并于2013年被农业部列为中国重要农业文化遗产（China-NIAHS）。

本书是中国农业出版社生活文教分社策划出版的“中国重要农业文化遗产系列读本”之一，旨在为广大读者打开一扇了解贵州从江侗乡稻–鱼–鸭系统这一全球重要农业文化遗产的窗口，提高全社会对农业文化遗产及其价值的认识和保护意识，同时也为生态文明建设和现代生态农业发展提供借鉴。全书包括八个方面，“引言”简要介绍了从江侗乡稻–鱼–鸭系统；“独特丰富的生物景观”介绍了稻–鱼–鸭系统中多样的传统地方水稻品种及其他生物物种和与之息息相关的森林生态系统的生物多样性；“天人合一的生态智慧”介绍了稻–鱼–鸭系统的多种农产品和多重生态与文化价值；“和谐共生的生态机制”介绍了稻–鱼–鸭系统内以及与鱼塘系统、森林系统的共生关系；“严谨缜密的技术体系”介绍了侗族人在千百年的生产实践中所形成的传统生产技术与知识体系；“古朴神秘的采风天堂”介绍了与稻–鱼–鸭系统相关的民风民俗、民族节日、民族歌舞以及农业景观；“面向未来的发展之路”介绍了稻–鱼–鸭系统面临的机遇、挑战与可持续发展途径；“附录”则简要介绍了遗产地旅游资讯及全球/中国重要农业文化遗产名单。

本书是在参考从江侗乡稻–鱼–鸭系统农业文化遗产申报文本和保护与发展规划的基础上，通过进一步调研后编写完成的，是集体智慧的结晶。全书由闵庆文、张丹设计框架，由闵庆文、张丹、谌洪光、焦雯珺统稿。本书编写过程中，得到了李文华院士的具体指导和从江县有关领导及部门的大力支持，在此一并表示致谢！

由于水平有限，疏漏和不当之处在所难免，敬请读者批评指正。

编　者

2015年7月12日

目　录

引言

侗族主要分布在中国贵州、广西、湖南三省毗邻地区和湖北西南一带。他们习惯聚群而居，临河沿溪、依山就势地设村立寨。各村寨毗邻相依，有着相近的自然环境和社会人文环境，由此形成了具有一定地域特色与民族风格的“侗乡”。侗乡境内，杂居有苗、壮、瑶、水、布依等兄弟民族。在漫长的历史岁月中，各民族文化相互交流与影响。侗乡各民族实践着尊重自然，适应自然，利用自然的生存准则，形成了特有的稻作农业文化。这其中，稻-鱼-鸭农业系统最具有代表性。

稻–鱼–鸭农业生态系统，不但可以使农民养鱼、养鸭、治田一举三得，同时也是我国生物防治工程的创举。据历史文献分析和考古发掘推断，最迟在东汉时期，我国就已经开始稻田养鱼；到了唐代，稻田养鱼已推广至关中。而稻田养鸭，则早在春秋战国时期就已经成为我国种养结合的农业生产模式之一。据《黎平府志》、《古州厅志》、《从江县志》等史志资料记载，黔东南侗族的稻–鱼–鸭系统的历史至少可追溯至明代，但从当地古歌、传说等口述史资料推断，则有近千年的历史。

千百年前，侗族先民生活在江河下游的宽谷河网地带，有着“饭稻羹鱼”的传统生活方式。随着历史的不断发展，侗族先民溯河而上，择半山地区而聚居，并且为了适应这种不同于以前的自然环境，他们经过长期的不断摸索，最终实现了对半山地区自然环境的人工改造。

侗族地区高山峻岭、丘陵起伏，山上或是林海茫茫，或是梯田层层，山间常有平坝。山田、河流、水塘的水位季节性变化极大，加之地表起伏太大，因而无法建构连片的稻田。即便有小块零星的河滩平地，也由于侗族分布区森林茂密，加上山岭遮蔽而常感日照不足。致使稻田大部分为“冷、阴、锈”田。在这种情况下，侗族人凭借自己的聪明才智，在长期的劳作中培育出奇妙丰富的糯禾品种。

在“九山半水半分田”的侗乡，为了提高土地利用效率，侗族人将鱼、鸭引入稻田，形成稻-鱼-鸭共生的农业生态系统。这种农耕方式既可有效节省土地，实现天然的立体循环生态农业模式，有效缓解人地矛盾，又可一田多用，在相同的土地面积上同时收获稻米和鱼鸭。

在从事稻-鱼-鸭系统的生产过程中，侗族人还兼营林业，并长期保持着稳定的森林资源。稻田与森林生态系统共存，是侗族地区的普遍景象。与其说是当地人对自然环境的被动接受，不如说是对生态环境主动适应的结果。侗族人依靠着稻-鱼-鸭系统和“林粮间作”的模式，有效地实现了稻田生态系统与森林生态系统的和谐共存。

经过长期的历史发展，侗族人形成了其特有的适合于所处生态环境的稻-鱼-鸭系统与森林生态系统耦合的模式，这种传统的模式既是对自然资源和环境的一种适应，也是利用自然、改造自然的结果，具有高度的生态与文化价值。稻-鱼-鸭系统是人类社会共有的重要农业文化遗产，为可持续农业提供了有力的借鉴。

稻-鱼-鸭系统不仅是侗族人的生计方式，也是侗族文化形成的重要条件之一。无论是侗族建筑的布局和造型，还是特有的民俗风情，或者传统农业背后的社会组织制度，都与这种传统的农耕模式有着密切的关系。

GIAHS授牌照（扶贫局/提供）

贵州省从江县的稻-鱼-鸭系统正是在这种自然地理和人文地理环境下孕育而成并发展至今，是侗乡稻-鱼-鸭系统的典型代表。它特有的价值为世人关注，2011年联合国粮农组织将其列为全球重要农业文化遗产（GIAHS），2013年农业部将其列为首批中国重要农业文化遗产（China-NIAHS）。

NIAHS授牌照（扶贫局/提供）

一

独特丰富的生物景观

（一）稻–鱼–鸭系统的内建——系统中的生物多样性

稻–鱼–鸭系统培育了丰富的农业生物物种，一块稻田共生的动植物多达百余种。田鱼以放养鲤鱼（乌鲤、荷包鲤、大腿鲤、火鲤）为主，其次是鲫鱼、草鱼等；鸭子主要是本地种，水鸭和三穗麻鸭（特有品种）。除了人工养的鱼和鸭，大部分田块中都有螺、蚌、虾、鳖、蟹、泥鳅、黄鳝及七星鱼等野生水生动物，

稻–鱼–鸭系统中的生物多样性
（① 梁全康/摄　② 杨海龙/摄　③ 杨海龙/摄　④ 杨海龙/摄）

茭白、莲藕、慈姑、水芹菜等野生植物也在此生息。

在稻–鱼–鸭系统中，稻占据着最重要的位置。从江县的稻田主要为山冲田和山梁梯田。因山体和森林的荫蔽，雾多，湿度大，日照短，昼夜温差大，且多引用山泉水灌溉，水温低。由于山区的水资源补给不稳定，为了确保旱季时水源不断，雨季要尽可能的多储水。在这种深、烂、冷、浸的生态环境下，一般的水稻品种根本无法生存，令人惊奇的是侗族的糯稻不但能够生长和丰收，同时还能为鱼和鸭提供丰富的饵料，这不得不归功于糯稻的奇妙特性。

糯稻又称禾，是在复杂多样的立体农业生态条件下，经长期的自然演变和人工选择而形成的丰富多彩的稻种资源和纷繁复杂的品种类型，构成了从江地方稻种的遗传多样性。据调查，从江县目前还在种植的传统水稻品种就有32种，由此足可见其品种的丰富程度。

侗族的稻田（梁全康/摄）

2007年从江县种植的主要传统水稻品种及特征

品种名称（侗语）	主要特征	品种名称（侗语）	主要特征
苟巷	生长期180天，长芒，抗病虫害，耐瘠	苟刹酒虹	生长期180天，红长芒，海拔500~800米
苟梗	生长期180天，无芒，抗病虫害，耐肥	苟亚公归	生长期150-180天，红长芒，海拔500~800米
苟央构	生长期180天，短芒，抗病虫害，中等耐瘠	苟对	生长期165天，白长芒，海拔500~800米
百阳禾	生长期180天，长芒，耐肥，耐瘠，耐旱	老苟秧	生长期180天，白短芒，海拔500~800米
七月禾	生长期130天，短芒	苟秧档	生长期180天，白长芒，海拔500~800米
苟滚大	生长期140~150天，白长芒，耐旱，海拔250~500米	苟六十天	生长期90天，短芒，海拔430~700米
苟管春	生长期180~185天，黄长芒，耐锈田，海拔250~500米	苟荣烂	生长期160天，白长芒，海拔430~700米
苟滚高育	生长期180天，短芒，耐锈田，海拔250~500米	苟吕	生长期180天，少芒，海拔430~700米
苟果雍	生长期180天，黄短芒，中等肥，海拔200~400米	苟大把	生长期180天，棕红长芒，海拔460~850米
苟嫩干	生长期170~180天，黑长芒，耐瘠，海拔240~500米	苟甫运	生长期165天，棕红短芒，海拔460~850米
苟东拉	生长期180天，黄短芒，海拔240~500米	苟档	生长期160天，红短芒，海拔460~850米
苟便香禾	生长期180天，黄褐短芒，中等瘠，海拔240~500米	苟公档	生长期170天，长芒，中等肥田，海拔350~600米
六月谷	生长期130~140天，无芒，中等瘠，海拔240~500米	苟雷雍	长期180~190天，白短芒，烂泥田，耐瘠，海拔350~600米
苟带单	生长期172天，无芒，耐瘠，海拔240~500米	苟皮怕	生长期170天，长芒，海拔350~600米
苟庙谣	生长期180天，无芒，耐深泥，海拔240~500米	苟公妹	生长期180天，棕长芒，肥田，海拔350~600米

续表

品种名称（侗语）	主要特征	品种名称（侗语）	主要特征
苟刁	生长期180天，黄短芒，中等肥，抗倒伏，海拔240~500米	果加早	生长期170~180天，黄长芒，高坡，海拔610~900米
打苟碾弄	生长期160~170天，红长芒，中等肥，海拔250~500米	累金	生长期160~170天，红长芒，海拔610~900米
打苟碾	生长期170~180天，黄无芒，中等肥，海拔250~550米	北倍	生长期180天，特红长芒，高坡，向阳，海拔610~900米
打苟碾斗	生长期170~180天，红长芒，中等肥，海拔250~550米	解喜	生长期180天，黑长芒，耐冷锈田，海拔610~900米
苟雍妮	生长期170~180天，黄短芒，适宜广，海拔250~550米	解信	生长期160~170天，红短芒，烂锈田，海拔610~900米
苟打碾嫩	生长期170~180天，红短芒，适宜广，海拔250~550米	累波	生长期150天，金黄长芒，高坡，海拔610~900米
苟东拉	生长期180天，黄短芒，耐肥烂泥，海拔250~550米	苟病归	生长期190天，黑红长芒，海拔500~800米

从江历来以“糯禾之乡”著称，更以香禾闻名。从江禾及香禾种植历史悠久，可追溯到明朝初期。从江香禾品质好、营养丰富，用其做出的米饭软而黏、油质多、不黏手，喷香可口，食而不腻，享有“一亩稻花十里香，一家蒸饭十家香”的美誉。

按芒的长短，可将当地所种糯禾分为长芒水稻（芒长4厘米以上，最长达7厘米）、短芒水稻（芒长2~4厘米）和无芒水稻（无芒或间有顶芒）。按其芒色，又可分为黄色、黑色、褐色等。从江县传统水稻品种的谷壳顶端大多长有长芒，而且谷粒即使受撞击也不会脱落，水稻抽穗后，谷穗犹如一条巨大的毛虫。这种生理结构即使连天雾雨弥漫，寒冷的露水也只会在芒上结成水珠，而不会冻坏谷粒。即使遇上旱

一家蒸饭，十里飘香
（杨通荣/摄）

从江水稻品种多样性·芒（张丹/摄）

霜，霜也只会在芒上凝结，谷粒并不会被冻坏。此外，这种生理结构还能规避森林鸟害的袭击。

按生育期长短可将从江县传统水稻品种分为早熟类型（全生育期120天以下）、中熟类型（全生育期120~150天）和晚熟类型（全生育期150~210天）。这些水稻品种生长期长短不一，成熟期最短的苟六十天，从插秧到收割只需60天；生长季较长的水稻品种则需要180天才能成熟。丰富的品种多样性，可以确保即使遇上了干旱，也能找到合适的品种补种；扬花时即使遇到连天阴雨，换上别的品种也能顺利结实。成熟期不同的水稻品种并存，增强了从江县水稻种植抗拒自然灾害的能力。

按米的颜色分，可分为白色和紫色；按米粒形状分，可分为阔卵形和椭圆形；按米粒长度分，可分为中长和较长；按颖壳的颜色分，可分为黄色、黑色、斑杂色等。正是这种品种多样性，满足了不同村寨、不同农户的社会经济条件以及复杂的自然环境的需要。

进一步分析这些传统品种，它们中大部分都不同程度地具备如下共性：

（1）一般特征 茎秆粗壮，主茎叶片数20~21片，株高160~180厘米，株型松散，叶色浅，叶片弯垂，剑叶长35~45厘米，宽1.4~1.8厘米，穗长25厘米以上，穗粒数多在151粒以上，最高达266粒。结实率高，空壳率仅为7%。穗重在3.5克以上的占26.8%，有的高达6.6克，穗颈平均长达16厘米。在从江县传统水稻品种中，既有能适应冷、阴、烂、锈稻田的品种，又有能适应土壤贫瘠、土层薄的山坡梯田的品种，这都首先依赖于其良好的一般特性。

（2）高感光性 从江县传统水稻品种大多为短日照作物，其感光性和感温性都比较强，能在秋季短日照条件下开花结实。在日照长的地区种植，生育期将延长乃至不成熟。这种特性使其具有生育期长和保持稳定的出穗期的特点，有利于形成大穗、重粒等优异品质。同时，其感光叶龄较小（五叶期），短日高温生育期适中，在一定限度内受播期影响不大，成熟大体一致，既保证了安全抽穗又减轻了鸟害和鼠害，具有较强的生态适应性。

（3）抗逆性强 从江县传统水稻品种具有发根力强，茎、叶、根通气组织发达，叶肉厚等形态结构，因此具有耐涝的特性。研究分析表明，从江县水稻品种都具有丰富的耐冷、抗旱基因，并有不少耐冷性和抗旱性均强的双抗品种。

（4）高秆耐淹　除某些矮秆品种外，从江县传统水稻品种大多为高秆儿品种，出土在160~180厘米左右，稻秆粗壮，成熟时直径差不多有1厘米；而且秆部和根部都能忍受长期水淹缺氧的不利环境。这一生物学特点有利于稻田深储水。储水深就意味着田鱼的生存空间大，不仅可以放养较多的鱼苗，而且收获时，单条田鱼的重量也有明显的提高。与此同时，深水对鱼和鸭的生长也有利，因为水深了，鸭的饵料就更为充足，鸭损害鱼的可能就会更小，且由于稻穗出水很高，鸭群也无法吃到稻穗。

（5）生长期长　除苟六十天等个别早熟品种之外，大部分传统水稻品种的生长期为180天左右。水稻的生长期长，意味着鱼在稻田中的时间也长，有利于鱼的生长。这就使得稻–鱼–鸭共生的时间可以达到112~137天，至少可以放养两批鸭，确保了稻–鱼–鸭三丰收。

另外，传统地方水稻品种的分蘖能力一般较强，每株稻能形成7~11个有效分蘖。水稻插秧后，返青快，郁闭也快，水面被郁闭有利于田鱼及鱼苗的保护。此外，传统地方水稻品种大多具有长芒，且谷粒即使受撞击也不会脱落，从而避免了鸭的伤害。

从江县传统水稻品种是现代水稻品种选育和生产的宝贵遗传资源。品种选育不仅仅根据丰产性状、形态性状、熟期性状等，还要考虑其抗病性、抗逆性及其他特性，这样得出的结论才更全面。农户对水稻品种的选择除了考虑产量之外，还从米质、米粒色泽、味道、油分，以及在不同土地上的表现、气候适应性等方面来进行品种的选择，当地居民具有极为丰富的品种分类知识和选种经验。

作物品种不仅是自然进化的结果，更重要的是农民不断选择和管理的产物，农民的决策在很大程度上受到当地的文化习俗、宗教传统、饮食习惯、市场需求以及国家或地方的政策等因素的深刻影响。农户自发地引进优良品种，也对水稻品种多样性的形成起着非常重要的作用。同时在本民族村寨内，农户之间常常交换优良品种种植，品种的引进和交换因群体间的婚嫁及亲戚关系而更为便利，这种交换和引种丰富了水稻的品种资源。此外，长期的种植实践，使人们积累了丰富的稻作经验，采取稻-鱼-鸭系统稻作模式保持和提高了水稻品种多样性。

（二）稻-鱼-鸭系统的外援——森林生态系统中的生物多样性

从江县森林生态系统中的生物多样性极为丰富，特别是植物的多样性。据统计，共有植物92科，其中常见木本植物有76科224属521种。按用途分，主要有药用植物122种，食用植物105种，饲料植物23种，建材植物17种，染料植物9种，造纸植物7种，编织材料6种。珍稀濒危保护植物有24种，其中渐危种7个，稀有种10个；国家二级保护植物21个，国家一级保护植物2个。植物物种多样性为当地人提供了食品、医药、建材、衣物等生存及发展的基本条件，最为重要的当数药用与食用。

从江县主要濒危的植物物种

种名	濒危等级	保护级别	用途
金毛狗 *Cibotium barometz*		国家二级Ⅱ	侗药
翠柏 *Calocedrusmacrolepis*	渐危	国家二级Ⅱ	木材
福建柏 *Fokienia hodginsii*	稀有	国家二级Ⅱ	木材
柔毛油杉 *Keteleeria pubescens*	稀有	国家二级Ⅱ	木材
伯乐树 *Bretschneidera sinensis*	稀有	国家一级Ⅰ	木材
十齿花 *Dipentodon sinicus*	稀有	国家二级Ⅱ	
闽楠 *Phoebe bournei*	渐危	国家二级Ⅱ	木材
樟树 *Cinnamomum camphora*		国家二级Ⅱ	木材、油料、药用
格木 *Erythrophloeum fordii*	渐危	国家二级Ⅱ	木材
厚朴 *Magnolia officinalis*	渐危	国家二级Ⅱ	药用
乐东拟单性木兰 *Parakmerialotungensis*	渐危	国家二级Ⅱ	木材、观赏

续表

种名	濒危等级	保护级别	用途
观光木 *Tsoongiodendron odorum*	稀有	国家二级Ⅱ	木材、观赏
马尾松 *Pinus masoniana*	稀有		木材、食用、照明
香果树 *Emmenopterys henryi*	稀有	国家二级Ⅱ	木材、观赏
伞花木 *Eurycorymbus cavaleriei*	稀有	国家二级Ⅱ	
木瓜红 *Rehderodendronmacrocarpum*	渐危	国家二级Ⅱ	木材、观赏
华南五针松 *Pinus kwangtungenesis*	渐危	国家二级Ⅱ	木材、松脂
南方红豆杉 *Taxus mairei*		国家一级Ⅰ	木材、观赏
大叶榉树 *Zelkova schneideriana*		国家二级Ⅱ	木材
水青树 *Tetracentron sinense*		国家二级Ⅱ	木材，行道树
鹅掌楸 *Liriodendron chinense*	稀有	国家二级Ⅱ	观赏、药用
杜仲 *Eucommia ulmoides*	稀有	国家二级Ⅱ	药用
多花猕猴桃 *Actinidia eriantha*		国家二级Ⅱ	食用
七叶一枝花 *Paris polyphylla*		国家二级Ⅱ	侗药

（1）药用植物资源　从江的侗药、苗药、瑶药等传统药材，大都来自森林生态系统中。据统计，侗族药用物种共计734种，其中应用较广泛的植物类药物就有313种，常见的药用植物有爵床、盐肤木、五加、南天竹、铜锤玉带草等。著名的瑶浴所用的中草药多达20余种，其中最常用的五六种草药，如骨枣叶、节节春、追风伞、九龙藤、血藤等。

（2）食用植物资源　森林也为从江居民提供了丰富的食物多样性，侗族常食用的野生植物有200余种。野菜占有极其重要地位，达100余种，其中蕨类、笋类和菌类所占的比例较大；干鲜野果有草莓、杨梅、核桃、李等；调味植物有甜茅茎、木姜子、小茴香、水蓼、薄荷、枸杞等。

瑶浴（县志办/提供）

瑶浴（杨通荣/摄）

二

天人合一的生态智慧

侗族传统生计的发展与其民族生存的生态环境息息相关。侗族先民属于古百越民族中的一支，早年生活在江河中下游的宽谷河网地带，后来他们溯河而上，进入了半山区定居，并最终完成了对半山区的自然环境改造。在此过程中，侗族人依靠集体的智慧创造了丰富多彩的物质文化和精神文化。他们沿山造田，田林相容，以种植的糯稻为主要食物来源，同时在田中饲养鱼鸭，并且兼营林业，形成了侗族特有的生计文化。稻-鱼-鸭系统不仅成为了侗族居民赖以生存的重要物质条件，也是侗族文化赖以生存的重要条件之一。

（一）稻-鱼-鸭系统——不仅仅是一种生计方式

稻-鱼-鸭系统本身具有极高的综合效益，能够同时生产出多种产品。稻田还是各类徙鸟的活动场所，对保护生物的多样性具有重要价值。侗族这一传统生计模式既与当地自然生态、资源和经济发展条件相适应，又能够满足当地人的生产、生活和文化需要，它还是侗族传统文化的一个重要组成部分。

❶ 满足了食物消费需求

稻-鱼-鸭系统这种生计方式在“九山半水半分田”的侗家，既有效缓解了人地矛盾，又为当地居民提供了丰富的农副产品，满足了当地居民生存的需要。当地农民按侗族传统生态农业技术种植出来的香禾糯，是禾品种群中品质最优的一类，其所含的蛋白质和人体必需赖氨酸含量都超过一般优质稻米，并具有气味香醇、糯而不腻、营养丰富、口感极好等特点，被称为“糯中之王”。2009年，国家质量监督检验检疫总局将香禾糯确定为“国家地理标志保护产品”。除了收获稻米、放养田鱼和鸭子，农户还喜欢在稻田附近种植黄豆、红薯、玉米等作物和

一田多用（①②张成文/摄　③杨通荣/摄）

各种蔬菜瓜果。农户还可以从水田内获得螺蛳、黄鳝、泥鳅等水生动物，水芋、莲藕等水生植物，以及水芹菜、车前草、鱼腥草等野生草本植物，做成饭桌上的美食。稻–鱼–鸭系统一田多用，在同一生产过程中既生产了植物蛋白，又生产了动物蛋白，为当地居民提供了充足的营养来源。这对于当地相对贫困的居民来讲，意义尤为重要。糯稻吃肥少，易保存，极少沾染化肥、农药的污染，确保了食物安全和人身健康。

❷ 满足了日常生活的需求

侗族村寨都位于贴近河谷盆地底部的山麓，面向宽阔的河谷底部，并在河谷底部配置了稻田、鱼塘、河网和各种饮水保水设施。稻田、森林和河流景观为居民营造了优美的居住环境。同时，森林能够提供木材，起房造屋。侗族居民建筑格式中的干栏式木楼，正体现了侗族人在利用大自然中的智慧与创造。它因地势而建，形式上变化丰富。风雨桥更是侗族社会文化与生态文化之间的桥梁，作为侗族象征的鼓楼也是全由木材建成。此外，木材在侗族的社会生活中不仅是主要的建筑材料，而且还是侗族人的重要能源，无论是煮食还是取暖都不可或缺。

❸ 满足了食物营养均衡和文化活动的需求

稻-鱼-鸭系统中生产出的糯米、鱼和鸭在当地的生产生活中占有举足轻重的地位。侗族人说："只有糯饭才养人，只有糯米酒才醉人"。糯米品质好，营养高，其米饭软而黏，不黏手、喷香可口，食而不腻。糯米饭不仅好吃，而且耐饥，不易变硬，上山劳动好携带。由于侗乡多山及丘陵，侗族不少农家的稻田远离侗寨，要步行一两个小时才能到达，为了节约时间成本，侗族人早上去田里干活的时候都会带上午饭。糯米较籼米、粳米富含油质，比较耐饥，且较籼米、粳米富含支链淀粉，易黏成团，方便携带，并且煮熟后一旦与空气接触，就会形成薄薄

侗寨（张成文/摄）

的保护壳，可以防止糯米饭变硬，长时间放置也能新鲜如初，香甜不改。侗族人还利用糯禾草灰水洗头，利用糯稻的稻草制作草鞋、筲帚等手工编织品。糯稻的根须还可以入药，与有关药食搭配，可治肺虚、咳嗽、阴虚、发热等，尤其以治成人、产妇的盗汗，小儿虚弱著称。侗族人请客、送礼、祭祀都少不了糯米。农历三月初撒谷种要吃糯米糍粑；四月八要吃乌米饭；五月端午要包粽粑；祭天和祖先要用糯稻；“吃相思”也要用糯稻来招待客人。此外，侗布织染工艺中的洗纱、染布需要用到糯稻秸秆烧成的灰作为原料。

侗族人的生活离不开鱼。在祭祀上，人们以鱼作为首要祭品，其他贡品可以不备，鱼绝对不可以没有。农历六月的“初六节”，家家老年人要带一盘炒干鱼、一碗糯饭到自家的“娘田”，即祖先开辟的或较大的一块水稻田边祭祀，祈求保佑禾壮鱼肥。每年农历十一月过“冬至节”，家家老年人都用酸汤煮鱼或清炖鱼、糍粑祭祖，祈求保佑新年粮鱼丰收。若家有年逾花甲老人，儿孙要常备几坛乃至十几坛腌酸鱼，待老人去世时办白喜酒待客食用。中老年人去世，守灵待葬期间，死者的亲属晚辈们都要吃素菜，但不禁食鱼。平日，侗家晚餐多以腌酸鱼下酒送饭；春耕大忙，上山干活，大都带糯饭、腌酸鱼当午餐；秋收大忙季节，也是包糯饭，带食盐、辣粉去收割打谷。中午，在田旁地角烧起火堆，从田里捉来活鱼，洗净剖腹，掏去内脏，搓盐、辣椒，用竹篾串起来，在炭火上烤熟即食。逢年过节、办红白喜事设宴待客，第一道菜先上腌酸鱼或清炖鱼，后上其他菜肴。开宴，主人先夹鱼给客人品尝，以示厚爱。鱼也是侗族服饰、建筑常见的元素和符号。寨中鼓楼，河上风雨桥，山坳风雨亭的栋梁木大都会有水波游鱼，其瓦梁檐角多塑立翘尾鱼。鼓楼旁的石板坪，溪涧上的石板桥，路旁的石板围成的泉水井也刻有各种鱼形。妇女自制的床毡四沿织有许多头头尾尾相连的长体鱼，姑娘自制的送给小伙子作为定情信物的花带子织有两鱼共头或两鱼并排，姑娘佩戴的银质手镯、梳子、答片刻有两鱼并排图案。

鸭也在侗族人的生活中扮演重要的角色。农历六月十五的祭天节和七月的吃新节，都需要用鸭子来待客或者送给客人。侗族民间技艺也与鸭有关，如染布需要鸭蛋清来使布光亮。侗族人办婚事也需要用鸭，如提亲、订婚、结婚都要用鸭，这是

聘礼（杨仪波/摄）

因为鸭的脚掌是相连的，鸡脚是分叉的，用鸭表示相依相连，用鸡容易产生矛盾和口舌，所以侗族的婚事只用鸭。

❹ 满足了食物安全与生态改善的需要

稻-鱼-鸭系统提高了侗族人的生活质量。稻田可以起到净化空气的作用，同时又能抑制甲烷等有害气体的排放；生态高效的稻-鱼-鸭系统拒绝了石油农业，很少有工业污染，因此保持了洁净的水源和空气，为当地居民提供了一个良好的生存空间。稻-鱼-鸭系统对病虫草害有较好的防治效果，几乎可以不用农药和除草剂，所生产的绿色食品有益于当地居民的健康。良好的生态环境、绿色的农业产品、优美的自然景观、传统的农作方式，使当地农业具备极大的农业、旅游开发价值，为发展多功能农业、提升居民生活品质提供了前提条件。

❺ 满足了提高经济收入的需要

稻-鱼-鸭系统提供的多种生物资源，可以换取较可观的经济价值。主要的稻田产品糯稻、田鱼、鸭，因品质和口感好，售价高于一般的稻米和鱼、鸭的价格，可以为农户带来更多的收益。其他副产品在提供农户日常生活所需产品的同时，也是增加经济来源的重要渠道。例如，稻草可以供做燃料、饲料、制作工艺品、编草鞋、搓绳子、制扫帚，糯禾草木灰水可以用来洗头、洗纱、染布、制粑粑。而且，由于化肥、农药的较少使用，节约了村民外出购置化肥农药的交通成本。

稻-鱼-鸭系统还可以带动非农产业的发展和劳动力就业。如果能够在利用现代科技提升稻、鱼、鸭的产量和质量的同时，投入人力发展生态旅游和餐饮服务，在一定程度上可以缓解农村剩余劳动力带来的压力，拓展就业渠道，获取更多的经济收益。

（二）稻-鱼-鸭系统的背后——侗族人的生存智慧

侗族人的生存智慧大致可以归纳为两个方面：一是生产生活尽可能与自然生态环境相适应，即追求人与自然的和谐。二是对自然资源的使用尽可能做到有度，并以乡规民约的方式规定下来，以使这种利用能够可持续下去。

❶ 万物有灵的自然崇拜

侗族人凭着对生存需要的感受，在处理人与自然的关系中，把人视为自然的一部分。在他们看来，世上万物皆有灵，人若对自然保持崇敬和畏惧的心理，生命就会受到万物之灵的保护，否则将招致惩罚。本着这一信仰，他们热爱脚下的每一寸土地，也热爱自然界中的一草一木，在处理人与自然的关系方面拥有许多传统的美德。在他们的生活里，人与自然总是保持着最良好的和谐统一，也因此而产生了带有宗教含义的习俗，其中最有代表性的就是崇拜与禁忌。

一是日崇拜。在侗族的传统文化中，很多方面充斥着日崇拜。每年农历八月十六的祭天活动非常隆重，其中最重要的内容就是祭日晕。甚至连祭祀中的祭品都与太阳密切相关，如祭品中糍粑形似日晕。另外，侗寨的建筑布局也同样反映了侗族的日崇拜。

侗寨的建筑布局（张成武/摄）

鼓楼坪中央的圆圈（张丹/摄）

整个村寨以侗族的标志——鼓楼为中心，其他建筑围绕着鼓楼层层辐射，如太阳的光芒四射。鼓楼前通常都有一个较大的坪，而鼓楼坪中央的图案则多为一个大圆圈，从这个圆圈的圆周上，对称地向四周铺有四根射线，射线与射线之间组成一种放射状的扇形。圆圈、射线、扇形，构成日晕之状，这就是古代侗族崇拜太阳、崇拜天魂创造的日晕图案。此外，在侗寨鼓楼藻井上也多构造这种日晕状图，甚至在侗族妇女佩戴的银饰项盘上也很明显。

侗族妇女银饰项盘
（县志办/提供）

蜘蛛在侗语中叫“萨天巴”，而太阳也叫“萨天巴”。侗族人认为天魂在天为日晕，在地时就化为金色大蜘蛛。蜘蛛在侗族人心中地位崇高，崇拜蜘蛛就是崇拜太阳，蜘蛛结网是天魂意志的体现，具有同太阳光芒一样的智慧和力量，可以护佑族人。在侗族地区，蜘蛛还被认为是灵魂物，伤害它们就是伤害魂魄。侗族人膜拜蜘蛛，并由此产生了不能伤害蜘蛛的禁忌。

水稻生产对阳光、农时的依赖使稻作民族需观鸟候来把握农时，太阳与鸟合体，有了太阳鸟、金鸡的典型形象。侗族的原始图腾崇拜，其特定的图腾表示中就有雁鹅、金鸡、龙凤等，大量散见于侗家的鼓楼、风雨桥等公共建筑上。

二是水崇拜。由于关系着水稻生长最为重要的便是水资源，因此侗族相信有水神。有的村寨每年岁首，对“水神”进行祭祀。新年挑第一担水时，先在取水的河坎、水井边上焚香化纸，而后才能下河或汲水回家。同时各个侗寨水井边均设有祭坛，逢年过节都会祭井，外出的时候，在山区遇到井，用稻草编的草标祭井。提醒路人饮水思源，饮水来得不易，要珍惜它，不要污染它。榕江车寨一带，逢年初，合寨妇女各备酒菜来水井旁边敬祭，围井“多耶”（舞蹈），歌颂井水带给人们幸福生活的恩德，并祝井水清凉甘冽、四季长流。湖南通道县侗族有“寨田坝水”的宗教仪式，每年农历二月初二人们用糯米和一些可食的野生植物做成粑粑，祭祀神灵后分食。这种粑粑象征着以黏土和草堵塞田埂和沟渠，人们以此仪式提醒自己，及时修田修沟，以防漏水。

侗族人十分珍视水源，对饮用水严加保护，禁忌污染。他们多饮用山泉和井水，根据地势和当地习惯修建了许多各具形态的水井，并在井或泉旁建立井亭或泉亭，保护饮用水的清洁。禁忌秽物污染水源，触犯“水神”。使井水混浊时，要烧香祷告，祈求井水清澈，才能饮用。在林业生产时，放木排下河滩，忌讳在木排上小便，或把脚悬于水中。禁忌在井上方建造住房，放养牲畜、家禽等。在从江，水井的制作材料多为青石料，井中放养鲤鱼，有些古井还雕刻鱼、龙及人物风情等精美图案，成为侗寨一道独特的文化景观。逢年过节人们还会到井边祭拜，祈求风调雨顺和平幸福。

三是土地崇拜。侗族对生产能力提高的祈求，主要表现在萨崇拜、祖先崇拜等方面，通过祭祀祈求在她的庇护下得到丰产。

萨崇拜即萨岁崇拜，萨岁又叫萨玛，也叫萨兵、萨滕，意为始祖母，是侗乡南部地区普遍崇拜的女性神，是最高的保护神。人们都认为她神通广大，能主宰人间的一切，能影响风雨雷电，能保境安民，使六畜兴旺，村寨平安。祭萨神，可以使山林、水源的生态环境得到良好的保护，使稻作农业生产有良好的生态环境。由此产生了多种禁忌形式，如在萨坛周围禁忌乱扔东西，禁忌破坏山岭等。有些山岭，特别是侗族村寨后龙山、关山不能动土挖掘，山上的树木、动物都是神圣不可侵犯的。如果谁侵犯了它们，则认为损伤地龙神，破坏风水，认为会给村寨带来灾难。坟场被视为是与祖先直接相关联的宝地，在周围的小环境内禁止各种活动，包括伐木、采集和狩猎。

四是树崇拜。把树木当作生命的起源，如《万物起源歌》里：“上古世上无

保寨树（谌洪光/摄）

生命/遍地长满树根根/树根生河水/河水生白菌/白菌生容额/容额生龟婆/龟婆生松桑/……”。又如传说《四艾寻歌》，“歌”是长在仙树上：“传说天上有梭罗/枝是舞来叶是歌/四艾上天寻歌种/人间才得有欢乐”。侗族认为杉树是生命之树、侗族之源，许多重要仪式（各种传统节日和婚丧）中都有栽植杉树一项。侗族对杉树崇拜，还产生了具有极高艺术价值的古楼建筑文化。侗族先民对古树充满了敬畏，对杉木、枫香、银杏、榉树、樟树等上百种树种禁止砍伐。人们相信这些古树有灵魂，是树中的权威长者。每逢年节或每月初一、十五都有人到古树下烧香化纸，请求树神保佑平安。有些人把幼儿过继给古树，请求树神保佑平安。

五是鱼崇拜。侗族先民们把鱼当作神物看待，将鱼养在井水中，禁捕食。后来随着养鱼经验的积累，采用了稻田养鱼等多种方式，鱼的产量大大提高，人们开始吃鱼。侗族由原来的将鱼看作神进行保护，发展到将鱼当作食物进行大量养

侗族银饰（张丹/摄）

花桥上的鱼（张丹/摄）

花桥上的鱼（张丹/摄）

殖，经过了一个漫长的时期。传说侗族在历史上经历了图腾反叛艰苦斗争后，最后形成了崇拜与反叛的统一：即保护鱼也食用鱼，并逐步形成了稻田养鱼。也有的学者认为，侗族人吃图腾物——鱼是一种顺巫术。在现在侗族民俗中，还能看到有关鱼的遗俗，例如在鼓楼、花桥上都少不了鱼图案的雕刻、塑像和绘画。侗族还为鱼搭建鱼窝，传说侗族的标志建筑鼓楼也因鱼窝启示而建成的。在稻田里放鱼苗还隐存着一种古老的观念，希望鱼保住粮食。

流行于侗族地区的这种生态伦理精神，不仅保护了当地的生态环境，对农业生物多样性的保护也具有积极的作用。禁止伤害蜘蛛对农田生态系统具有重要的意义，因为蜘蛛作为稻田生态系统中的重要捕食性天敌，通过织网或游猎捕食活的昆虫（其中大多数为害虫），而不危害农作物，对人畜极少有危害作用；禁止伤害鸟类，有助于保护农业生物多样性和控制农林害虫，减少了农药的使用，促进了生态环境的保护；禁止砍伐古树，客观上对一些珍贵物种的保护起到了积极的作用；对杉木的崇拜，促进了人工营林技术的快速发展，保护了原始森林；对鱼的崇拜，维持和促进了稻-鱼-鸭系统的存在和发展。

❷ 乡规民约

侗族的生态伦理精神不仅根植于社会经济实践当中，也体现在其民族独具特色、极为丰富的习惯法文化体系当中。“款”既是侗族一种村寨与村寨之间的联盟组织，也是一种侗族民间自治和自卫的地缘性组织。

“款”有款约，款约是一种归纳和发布款组织内部规章约法的款词，相当于款组织的法律条文，是侗族地区的习惯法，也就是通常所说的“乡规民约”。“侗款”

是侗族村寨为自治订立的约法，它既包括在家族村社族规基础上的款约，也包括跨家族村社事务的款约，在长期的生产和生活中形成了具有民族文化特色的习惯法表现形式。“侗款”的内容丰富，涉及了从族规、族法到社会治安、民事、刑事诉讼、生产管理、保护森林、保护自然环境、保护庄稼等在内的各个方面。通过民众协商制定的款约条款刻在石碑上，立在村寨鼓楼旁或受到保护的自然标志物旁，以示众人遵守法规。

“侗款”尤其重视村寨石山树木、大树古树和水边植被的保护，并大力提倡植树造林。这些法规性的“侗款”，保护了森林，确保了历代侗寨的平安。例如，同治八年（1869年），贵州省黎平县侗族聚居的潘老乡长春村立下禁碑：“吾村后有青龙，林木葱茏，四季常青，乃天工造就之福地也。为子孙福禄，六畜兴旺，五谷丰登，全村聚集于大坪砍生鸡血酒盟誓，凡我后龙山与笔架山上一草一木，不得妄砍，违者，与血同红，与酒同尽”。

“侗款”中有关节令的条款规定：“向来正月带刀斧上山砍柴，二月斗笠蓑衣，三月用钉耙，四月用犁耙，五月有茄豆、黄瓜，六月禾抽穗，七月莫坐仓恋爱，八月莫留伴玩耍。这些规矩，家家有男要教，养女要训，哪人不听，四村不许，六洞不容。”在这项款约中，明确地宣布了侗族的生产月令。一 、二、三月为林业的操作期，林间的间伐和疏伐安排在一月完成，而林间的中耕安排在二、三月完成，四月以后才开始大田农作。这样的月令安排，除了林间的必要管理期外，一年中绝大多数时间，林区完全处于封闭状态。这样做既确保了林区的安全，又有利于大田农业生产的耕作。

还有“三月约青，九月约黄”。所谓“三月约青”是指在春耕前夕，由寨老把大家集中起来，宣讲有关春种、鱼鸭放养、中耕管理等方面的款约条规，以便发挥警戒作用。“九月约黄”则是集中宣讲有关收割、田鱼越冬、牲畜放牧等款约条例。这种世代传承的习惯，将各种款规反复宣讲，使每个人都能熟知忌讳和各种知识，保证了稻-鱼-鸭系统的顺利运营。

这些乡规民约，客观上保证了侗族地区生态系统的稳定性和持久性，同时起到了保护农业生物多样性的作用。

（三）稻–鱼–鸭系统的反哺——侗族人的美好生活

稻鸭鱼系统中，不仅相互之间共生，单项的稻、鱼、鸭也都体现出内在的依存性。稻是发篼丛生，在合理的密植中相互支撑，共同分享阳光、水分，共同抵抗风雨。在其成熟收割时，也是一把一把地捆在一起。鱼是一窝一窝的，在平静的时候，鱼群在水中漫游；一旦遇到鹭鸶，或是到了冬季，它们则都躲到了鱼窝里，相依为命。鸭是同出同归，群体觅食，在遇到险情时相互照应，共同成长。在面对更大的自然系统时，单个的生命显得微不足道，只有在相互的依存中才能实现生命的价值与意义。

历史上，侗族人为了生存，必须组织起来，才能抵御外来势力的欺侮。也只有依靠集体的力量，才能战胜各种自然灾害。不管是政治上还是在经济生活中，个人如果离开了集体就无法生存。这是定居并从事稻–鱼–鸭系统民族生活生产经验的理性总结。因此，侗族村寨里的寨老和各房族头人都自觉教育下一代和每个成员，领悟集体意识的重要性。先辈们用歌谣、故事等教育人们人多力量大，要团结一致，同甘共苦的道理。如“侗款”：“独木不成林，滴水难成河。一根棉纱容易断，十根棉纱能把牯牛拴。三人同行老虎怕，一人走路猴子欺，我们要像鸭脚连成片，不要像鸡脚分杈杈。”

款碑（县志办/提供）

❶ 聚族而居，整饬有序

侗族聚族而居，他们几乎没有单家独户或没有血缘关联的几户居于一地

侗族聚居的理想之地（张成武/摄）

侗族村寨（梁全康/摄）

鼓楼（梁全康/摄）

的，都是一族或几族共居，最小的侗族村寨一般也有十几户人家。侗族所具有的较强的集体意识和民族认同感，在很大程度上源于该民族的聚族而居的习俗。

侗族传统聚落的理想之地是一个圆形或槽形盆地，它是避风、保暖、当阳的宝地。在这个盆地中是河流、田坝、道路、民居等，而周边则是山峦、树木、亭子、桥梁等天然和人为构造的屏障。这种聚落环境类似于侗族人把水稻栽种下去后形成的窝凼，放大来看就是一个盆地。水稻生长在自己的窝里，在窝里有充足的水分和肥料，而且是注入式地供应并在窝里得到保存而慢慢吸收，使水稻得以茁壮成长。侗族人从长期的水稻种植中总结出了这一经验，并比附在人及其所居住的村寨上。

侗族村寨的选址讲究藏风聚气，取势纳吉。他们将绵延起伏的山脉称为“龙脉”，山脉遇溪流、平坝而止处，称为“龙头”。龙头前面是环绕的溪流和开阔的坝子，龙头后面是起伏跌宕、来势凶猛的山脉。侗族人视龙头为理想的寨址，建寨于此则为“坐龙嘴”，意思是“已将龙降服且占有龙的活力”。再在后山龙脉上蓄风水林以镇凶邪，在溪流上筑风雨桥以锁财源，在隘口多建凉亭，堵住风口，不让福气漏掉。鼓楼就坐落在“龙嘴”的穴位上，即侗族古歌所唱的“鼓楼建在龙窝上”。鼓楼前辟有鼓楼坪，鼓楼旁边是祭祀萨神的萨坛。鼓楼与萨坛、鼓楼坪构成侗寨的心脏。正如侗族古歌千百年来传唱的那样：“未曾作寨先建楼/石砌为坛祭祖母/鼓楼心脏作枢纽/富贵兴旺有来由。”以鼓楼为圆心，侗族民居以同心圆的方式向外辐射，众星捧月般地簇拥着鼓楼；稍远的一圈则由寨门、凉亭、风雨桥等组成，其间散布水池、鱼塘、禾晾及谷仓；更远的一圈则是风水林、平坝与梯田。

鼓楼作为族的标志立于村寨的中心，是侗族及其村寨的象征，也是侗族人的凝聚中心。鼓楼的造型与置于水田中央的用木栅围起来的鱼窝非常酷似，侗族古歌、赞歌里唱到：“田要有鱼窝，寨要有鼓楼”。鱼窝与鼓楼对应出现，这样的例子还很多，如“鲤鱼要找塘中间做窝，人们会找好地方落脚，我们祖先开辟了‘路团寨’，尖脐鼓楼就像大鱼窝”。“你们寨子心齐犹如一把筷，立的鼓楼就像鱼窝守鱼塘”。

鼓楼既是侗族集会的政治中心，又是人们祭祀、休息和进行娱乐活动的场所，它还是寨老处理纠纷、明断是非的公堂。当遇到紧急情况时，它又成了击鼓聚众的指挥所。

侗族人许多重要的活动都在鼓楼进行。例如，“侗款”的制定与修改。通常先由款首草拟，然后在集款时提交款众商量议定，再由款首在鼓楼当众宣布。宣布之后，便在鼓楼前举行庄重的杀牛盟誓和立石为凭的仪式。由于侗族历史上没有文字，“款”的流传便借助于歌师，将其编成“款词”念诵咏唱。为此，各款每年两次在鼓楼集众举行“讲款”仪式，宣讲“款约”，也就是前面所说的“三月约青、九月约黄”。借此强化款民的款意识，增强款组织的凝聚力。又如，鼓楼取名。侗族传统的个人命名制是随年龄、婚否、有无子孙的变化而变化的，但个人的命名都要在鼓楼里进行。刚出生的婴儿在满月时要抱到鼓楼里取奶名，15岁左右时取本名也要在鼓楼中进行。届时寨民齐集，寨老当众为其取名。只有经鼓楼命名，孩子才具有正式合法的名字，同时也证明此人已被侗族社会所接纳。再如，鼓楼丧祭。凡是年满60岁属正常死亡的人，或者虽不满60，但有名望、受寨民拥戴的正常死亡者，死后将其灵柩接至鼓楼，由寨老主持仪式。

鼓楼也是迎送宾客、节庆聚会的场所。如果有客人来到本村寨，首先到鼓楼内就座，送来的礼物也都放在鼓楼里。然后才被主人们领到自己的家去就餐。送客时，也是由各家的主人将自己所招待的客人送到鼓楼里，然后才送出寨门。过节时，也都要在鼓楼内或鼓楼坪上举行仪式后才能开展有关活动。在平时，鼓楼还是侗族人休闲的好去处。冬日烤火取暖，夏夜清风纳凉；老人摆古（是当地方言“讲故事”的意思），儿童嬉戏，青年男女“行歌坐月”。正如侗歌所传唱的那样：“鼓楼是村寨的暖和窝/没有鼓楼无处寻欢乐/高高的杉木树起鼓楼来/有了聚集的地方有了欢乐的歌。”

鼓楼、祭坛、鼓楼坪、风雨桥等共同构成了“族”文化存在的公共活动空间，也是侗族村寨重要的公共建筑，建造时家家户户都要出钱出力，而且每个人的投入也能帮他们树立个人声的望和地位，以赢得尊重和爱戴。可以说，公共设施的建设是集体意识的体现，同时也是强化集体意识的物化形式。不管是冬天还是夏天，农忙还是农闲，每个家族的男性成员，只要有闲暇都会不约而同地聚集到芦笙坪、鼓楼或风雨桥上谈天说地。妇女由于家务劳作的关系，到公共空间闲坐时间不多，却总是成群结伴从事劳作，在劳作中互诉衷肠。这种几乎没有个人和家户隐私的集体生活氛围也会在无意中感染青少年，使他们在成长的过程中感受到集体意识的无所不在，并把这样的集体精神传承下去。

❷ 亲和团结，凝聚力强

侗族岁时节令、人生礼仪、衣食住行、社交庆典等民俗活动，都显示出集体性。村寨交往、竖屋上梁、婚丧嫁娶、生活饮食、文体活动，甚至谈情说爱，都体现出集体性的特征。

侗族最具集体性特点的祭祀活动“祭萨”。时间一般在正月初一或者农历二月二（春耕之前）或者农历九月九（秋收之后）。祭萨时，由看管萨祠的寨老将祠门打开，全寨的男女老少（孕妇除外）盛装排成长队站在祠院门前，由管萨的寨老进祠内上香敬茶，祈祷萨保佑。完毕，管萨的寨老摘取万年青枝叶发给门前所有的人，大家将拿到手的万年青叶，视为是萨给的吉祥物，将它插在头上或衣

侗族节日欢庆（梁全康/摄）

袋里，然后大家同饮祭茶。接着，队伍行至鼓楼前，举行盛大的“多耶”（即踩歌堂）。多耶是侗族祭祀先祖、庆贺节日时表演的集体歌舞。多耶开始时，先唱祭“萨”歌：“进歌坪/走进歌坪缓缓行/歌坪请‘萨’前头走/‘萨’领前头我后跟”；“进歌堂/进堂把‘萨’安中央/六畜发来人丁旺/五谷丰登粮满仓”；“喜洋洋/引‘萨’出门进歌堂/萨撑雨伞遮阴雨/保佑村民保安康”。然后，全寨男女老幼，按性别围成两圈。男圈在外，女圈在内，面均朝里。男圈手搭肩，女圈手牵手，两手有节奏地前后摆动，双脚朝身体左右两侧移动。“耶师”领唱，众人唱和，踏歌起舞，整齐划一。多耶通过特有的双层舞圈，体现宗族向心力与凝聚力；以手牵手、手搭肩的动作，将平时以家庭为单元、从事小生产的侗人集聚在一起，集聚在共同意会、共同参与的祭祀舞乐中，集聚在共同熟悉、共同体认的文化氛围里，从中获得集体的力量。

侗族最具群体特点的社交活动“为耶”，即吃相思，是村寨与村寨之间的一种集体交往活动。通常在农历正月或农闲时进行。吃相思可以是一个村寨的男女老少全部到另一个村寨做客，也可以周边几个村寨的人邀约着同时到某一村寨作客。作客队伍少则几十人，多则几百人。两寨之间吃乡思，须在半年前互相协商好，以便作好接待。当客队抵达后，主客齐集鼓楼坪，或赛芦笙，或对唱大歌，或演侗戏，或踩歌堂。夜幕降临，主寨青年邀请客人“坐夜”，通宵达旦地在鼓楼对歌。主寨常在鼓楼前摆开“合拢宴”，款待客人。两三天后，方才送客离去。

侗族踩歌堂（梁全康/摄）

侗寨迎宾客·拦路（梁全康/摄）

鼓楼唱大歌（张成文/摄）

侗戏（杨通荣/摄）

客队告辞时，鼓楼鸣炮送行，宾主同唱“分别歌”，互赠礼物，相约来年。

侗族青年男女的恋爱交往、送新娘习俗，也是别具特色的群体性活动。男女青年的集体交往，有“行歌坐月”的，有“为顶”的，有赶坡会的。“为顶”是侗族地区流行的一种男女青年通过共同劳动来谈情说爱的交往方式，春种秋收一起劳作，劳动所得给女方，女方则赠送鞋、帕和织锦给男方。其间通过对歌谈情，找到自己所爱的人。

侗族的饮食习俗也体现出群体性，其中以吃“合拢饭”、“打油茶”最具特色。吃“合拢饭”是侗族待客的一种特有方式，有贵客到访，各家各户便提着篮子，带上酸鱼酸肉和自家酿的糯米酒，摆开长桌子，宾主围坐两旁，互相敬酒敬菜，姑娘们还唱敬酒歌，其乐融融。

侗族合拢饭（敖家辉/摄）

三

和谐共生的生态机制

侗族多定居于半山区地带，其所处自然生态背景气候温湿、地表起伏较大。侗族人将鱼、鸭引入稻田，形成稻–鱼–鸭共生系统。稻–鱼–鸭系统是适应特定环境的一种耕作方式，它不是凭空而来的，而是观察天然沼泽地来建造的高山农业。侗乡的稻田与自然生态背景的差异小，有很高的稳定性，能持续发展。最小改性就能保证最大的永续性，因为自然界的力量比人类大得多。同时，侗族人还兼营林业，并长期保持着稳定的森林资源。侗族人精心维护的森林系统，不仅能够为水资源的储养和截留发挥重要的作用，而且也减少了地区内水土流失情况，从而保证了稻–鱼–鸭系统的良性运作。

依山傍水的侗寨（张成文/摄）

（一）稻-鱼-鸭系统内的生态作用机制

稻田是典型的人工生态系统，水稻、杂草、藻类和光合细菌是该系统的主要生产者，它们利用太阳能、二氧化碳、水以及各种无机营养元素，通过光合作用合成有机物质，形成了稻谷和秸秆供人类利用。而杂草、藻类和光合细菌不能给人提供产品，还和水稻争夺光、水和肥料，需要人为排除，且有大量的细菌、浮游植物和浮游动物随排水流失，造成稻田生态系统物质和能量的损失。

在稻-鱼-鸭系统中，生产者水稻、杂草和消费者鱼、鸭构成了一个复杂的食物链网络结构，能量、水、肥的利用效率较高，具有较大的稳定性及对抗外界冲击的能力。在稻田生态系统中引入鱼和鸭，增加了稻田生态系统的生物多样性，组成了由稻、鱼、鸭组合的异质物种结构。这种结构表现出明显的种群数量效应和优势种群效应，有助于充分发挥稻田生态系统的生产效率。

1 有效控制病虫草害

稻瘟病是水稻的重要病害之一，然而在稻-鱼-鸭系统中，却能够得到有效的控制。这是因为鱼和鸭长期在稻田中觅食、排泄，自然而然形成了与之相关的微生物群。该微生物群则会制约其他微生物群的蔓延，因此，能够对水稻生长产生威胁的微生物不会泛滥成灾。换言之，相比起水稻单作田，引入鱼和鸭的共生模式能够控制水稻的染病概率，中科院地理资源所的研究者在对从江县稻瘟病发病率的研究中证实了这一点。

稻-鱼-鸭系统对纹枯病的发生也起到了较好的控制作用。鱼鸭可以啄食部分菌核、菌丝，从而减少了病菌侵染来源；鱼鸭的跑动啄食可使大部分萌发的菌丝受到创伤，从而失去侵染能力；纹枯病多从水稻基部叶鞘开始发病，鱼鸭还能啄食带有病斑的易腐烂叶鞘，及时清除了病源，延缓了病情的扩展；鱼在田间窜行活动，不但可以改善田间通风透气状况，而且可增加水体的溶氧，促进稻株的根茎生长，增加抗病能力。另外，鸭子还具有除草、清理病残叶片以及减少无效分蘖的功能，这些功能增加了田间的通风透光能力，降低了田间湿度，使纹枯病菌丝无法正常生长，从而减轻纹枯病发生与危害。

此外，水稻受到害虫危害很大，特别是啃食稻秆、稻叶的害虫会对水稻的生长造成严重的威胁。据统计，在不使用农药杀虫的情况下，一片超级稻的田内一平方米内的虫量高达200头，主要有稻纵卷叶螟、二化螟、稻飞虱等害虫。然而在稻–鱼–鸭系统中，虫害会大大减少，这主要是因为鱼的游动会撞击稻秆，害虫或被震落水中，或是顺着分泌在稻叶上的细丝下垂避难，如此便成了鱼的饵料。而鸭则时刻在伺机窥探各种昆虫猎物，有较好的防虫效果。另外，由于鱼鸭在稻田里不断的活动，使二化螟被迫迁飞，推迟了始盛期，减少产卵量，进而使后几代二化螟的发生率降低，减少了二化螟对水稻的危害。

除了控制病虫害以外，由于鱼和鸭在稻田生态系统中的生存空间和营养生态位上相互补充，其共存可以发挥控制杂草的功效。侗族人在稻田中饲养的鱼和鸭都属于杂食性动物，由于稻叶中富含硅质，田中放养的鸭子并不喜欢吃，而各种杂草则是鱼和鸭的饲料。因此，大部分的杂草在未长成之前便成为了鱼和鸭的饵料，或者被践踏和掘根。鸭群的活动还可以搅浑田水，阻挡阳光、抑制杂草种子发芽和生长。

② 增加土壤肥力、减少甲烷排放

在稻–鱼–鸭系统中，饲养鱼类和放养鸭类可以改善土壤结构、含氧量、通气环境和土壤孔隙度，加速水中的氧化过程，有利于水体中肥料和氧气进入更深层次的土壤，既提高了肥料效用，有利于植物生长，又保证了土壤的长期肥力。鱼、鸭吃掉的杂草可以作为粪便还田，鸭粪中含有粗蛋白质和氮磷等主要营养元素，增加土壤有机质的含量。同时，鱼、鸭的翻土打破了土壤的胶泥层的覆盖封固，增大了土壤孔隙度，有利于肥料和氧气渗入土壤深层，起到了深施化肥提高肥效的作用。而鱼、鸭的活动也扰动了田水，从而增加了水面和空气的接触面积，改变了水中的气体结构，有利于肥料和氧气渗入土壤深层，改善了气体的物理属性和化学成分。

除了对增加土壤肥力有积极作用以外，稻-鱼-鸭系统还可以显著降低甲烷排放通量的高峰值，使得甲烷排放通量的日变化趋于平缓，这是因为稻田内的甲烷主要是通过田内的甲烷菌产生。甲烷菌属于专性严格厌氧菌，不能在有氧气的地方生存。而在稻-鱼-鸭系统中，鱼、鸭能够消灭杂草和水稻下脚叶，从而影响了甲烷菌的生存环境，间接地减少了甲烷的产生；最重要的是鱼、鸭的活动增加了稻田水体和土层的溶解氧，改善了土壤的养化还原状况，加快了甲烷的再氧化，从而降低了甲烷的排放通量和排放总量，尤其是对稻田甲烷排放高峰期的控制效果最为明显。

❸ 保持生物多样性

在稻-鱼-鸭系统中，由于利用三者之间的相互作用已经很好地控制了病虫草害的影响，因此外部投入大大减少，亦减少了对环境的污染，避免施用化肥农药带来的对生物多样性的破坏。侗乡的每一块传统稻田都是多种生物并存的乐园：螺、蚌、虾、泥鳅、黄鳝等野生动物和种类繁多的野生植物共同生息，数十种生物围绕稻-鱼-鸭形成一个更大的食物链网络，呈现出了繁盛的生物多样性景象。稻田里的蜻蜓、蜘蛛、青蛙、蛇、蟛蜞、食蚊鱼等有所增多，甚至秧鸡也出现了。稻田系统周围的森林生态系统和草地生态系统，也与稻田系统存在物质能量交流，由此带动了整个生态系统的生物多样性水平。据在从江县小黄村的调查发现，在调查区仅稻田植物就有12科17种。其中，可以食用的6种，占植物物种总数的35.3%；饲料6种，占植物物种总数的35.3%；侗药共计4种，占植物物种总数的23.5%；作为编制材料及绿肥的各1种，分别占5.8%。

❹ 隐形水库的作用

侗乡的人都说：鱼无水则死，水无鱼不活。侗乡人用养鱼来保证田间随时都有足够的水，如此鱼才不死，稻才不枯，鸭才不渴。为了保证田块水源不断，下雨时节就要尽可能地多储水。所以在侗乡，稻田一般的水位都会在30厘米以上，以备旱季之用。这种深水稻田具有巨大的水资源储备潜力，具有蓄洪和储养水源的双重功效。而在持续干旱季节，这些稻田又能通过地下水渠道和直接排放的方式，持续不断地向江河下游补给水资源，其功效相当于一个小型水库。

5 提高稻田生态系统稳定性

在稻田生态系统中，由于农业生物多样性简化，导致水稻对病虫草害的抵抗能力降低，对农药和化肥的高度依赖，由此而引发的一系列环境污染等问题：过量施用农药使有害物质沿食物链进入人体内对人类健康构成威胁；化肥施用不当引起土壤板结、酸化等问题；化肥农药引起的非点源污染等等。当向稻田引入鱼、鸭等物种构成农田复合系统时，增加了系统的农业生物多样性。合理的农业

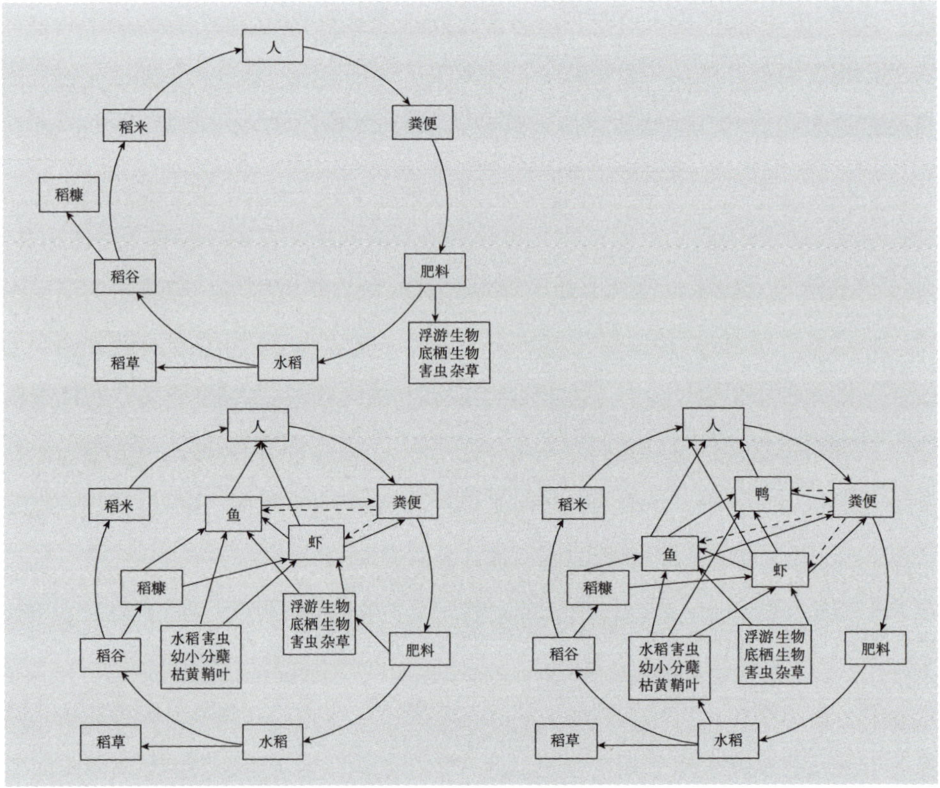

单一稻作系统与稻田复合系统食物网及物质转换简图（张丹/绘）

生物多样性配置能充分利用资源、阻隔病虫的传播，减少系统对化肥农药的依赖，从而减少对系统内部或外部环境的负面影响，最终促进系统的稳定。与稻田单作相比，稻鱼、稻-鱼-鸭共生系统内的营养层次依次增多，食物链增长、食物网更为复杂。

在稻田单作生态系统中，食物链逐步退缩，物质能量仅单一的循环和转化，一些生产过程物质不能在系统内就地转化，系统中杂草、浮游生物和底栖生物被人工清除或随水流失带走了系统内的肥料，不利于稻田生态系统中能量的有效转化和物质的有效利用，降低了系统的稳定性。稻鱼、稻-鱼-鸭复合生态系统内物流、能流途径依次增强，食物链得到加环而趋于复杂，实现多营养级利用各种资源，使系统稳定性增强。

同时，丰富的农业生物多样性还发挥着许多生态功能，如保持营养物质的自然循环、水文调节、分解有毒物质以及调控环境中的微生物等等。稻、鱼、鸭三者之间的正相互作用，使得稻-鱼-鸭系统中的生态功能增强，提高了系统自我调节功能，促进系统功能趋于稳定。

稻-鱼-鸭传统农业生态系统是农民在土地资源紧缺的自然条件下，长期摸索创造的一种独特的生产方式和土地利用方式。这种方式有效地节省了土地资源，实现了天然的立体农业生产，有效地缓解了人地矛盾；而且，农民与自然和谐共存，实现了真正意义上的天、地、人和谐共处，为其他同类地区合理利用土地，发展适应本地条件的生存方式具有借鉴意义。

（二）稻-鱼-鸭系统与鱼塘系统的共生机制

稻-鱼-鸭系统离不开相对平稳的浅水环境。然而受自然环境的限制，侗乡人只能通过从井或者溪中直接取水。易涨易落山溪水，这种水资源利用方式导致这一地区的水资源补给变动较大。为了高效地利用水资源，保证稻-鱼-鸭系统的良性发展，当地人经过世代不断的努力，建构起了与生态环境高度兼容的人工水域系统，形成了如今在侗乡常见的鱼塘、稻田、沟渠、河溪相连通的人工复合水域环境。

人工挖掘鱼塘是侗族水资源利用的一项重要工作。通过该人工水域的构建，尽可能多地储存了水资源。鱼塘不仅具有诸多生态调节功能，而且在侗族传统生计中扮演着极其重要的角色，已经成为侗族传统文化中的一个重要组成部分。鱼塘在侗族村寨是十分常见，几乎每家每户都至少有一个鱼塘，多则三个。据中科院地理资源所研究者在黄岗侗族村寨进行田野调查中发现，整个村寨以鱼塘为水网结构构建起来的面积将近占到全寨总面积三分之一。

鱼塘通过与河流、泉井、稻田连接，在侗族村寨内实现了半封闭循环系统，不仅实现了水资源的高效利用，而且通过地下渗透进行的水资源循环，对寨内水资源的净化也起到了非常重要的作用。在侗乡，所有生产生活的消费，全部纳入当地生态系统的循环网络中，人畜粪便直接进入鱼塘，由水生动物作为一级消费，水生动物的粪便再由微生物作为二级消费。导致富营养化的物质，由水生植物消费，而水生植物又可以让人食用或喂牲畜，整个鱼塘就是一个循环网络，不产生任何形式的污染。

由于鱼塘与河流、泉井相连，在洪涝来临之时，鱼塘还能起到分流的作用，可以减低水位，避免洪水泛滥，危及稻田、道路以及房屋。在干旱时节，鱼塘又成为了重要的水源补给地。此外，对于纯木结构的侗寨来说，鱼塘还担有防火减灾的功能。

鱼塘（杨通荣/摄）

侗乡人不仅利用鱼塘饲养鱼类，还会在鱼塘内放养鸭子。鸭的活动扰动了水体，可以增加水体的含氧量，有效地促进了鱼塘底部有机物的分解。此外，由于半封闭的水网结构，有机物还可以随着水循环进入稻田，增加了稻田肥力。侗乡人在鱼塘中饲养的鱼类通常都是种鱼，不用于食用。这些鱼塘还是许多水生植物的乐园，如水凤莲、浮萍、菱角，等等。另外，鱼塘更是候鸟栖息的天堂。因此，人工挖掘的鱼塘是侗族人效仿自然的一大杰作。

鱼塘、稻田以及天然水域相连通，通过人工手段对水流方向、水温高低以及水质进行调控，从而保障了稻-鱼-鸭系统生产所需要的水资源，支撑了生物多样性的并存发展，也满足了人类对水资源的保存与利用，最终最大规模地生产出稻、鱼、鸭等产品。这样的人工改造与自然生态相匹配，是原有生态系统的人工放大，拓展了原有湿地范围，保持了生态系统的稳定。

鱼塘中的水生植物（梁全康/摄）

鱼塘中的种鱼（张成文/摄）

侗寨、稻田、溪流与森林和谐共处（张成武/摄）

（三）稻–鱼–鸭系统与森林系统的共生机制

稻–鱼–鸭系统与森林生态系统共存，是侗族地区的普遍景象。从江土地总面积3 244.9平方千米，其中山地面积2 445.8平方千米，占总面积的75.4%。由于这一地区多为山地，不可能开垦大片农田，于是侗族人便通过人工手段改变河道、挖掘鱼塘，并在山坡之上建构梯田，梯田占从江县总耕地面积的64.6%。此外，由于从江县人均耕地面积仅为0.042公顷，为了提高土地利用效率，侗族在稻田之中挖沟开塘，将鱼、鸭引入稻田系统，形成了如今常常在侗族地区看到的次生湿地生态环境。

坡面梯田，最能体现出侗族地区梯田建构的特异性。侗族人在山体坡面上，沿着等高线构建很高的石砌高埂，然后人工挖掘坡面，相对高埂形成洼地，然后进行土方回填，形成水平梯田。侗族人依靠涧槽渡水和开挖水渠来进行灌溉。此外，

坡面梯田（杨仪波/摄）

由于稻田完全镶嵌在森林生态系统之中，成为有机的组成部分，水资源也存在着诸多内循环。白天温度升高时，稻田中的水蒸发进入大气，却因为森林生态系统的阻挡没有逃逸。当夜间降温时再凝结为露水或雾水，回落到稻田中。

由于稻田和森林之间紧密结合，在稻田的修建过程中，不仅要考虑稻田本身的稳固，还要考虑来自相互之间的影响，以保持生态完整性。如在坡面稻田的上下方，由于稻田所建坡度大，雨水冲刷极易发生水土流失，侗族人通常会利用人工构建“浅草带”的方式降低水土流失的风险。

侗族人在森林与耕地的过渡地段都人为地在稻田上方预留5米到7米不等的浅草带，并利用人工砍伐、焚烧或者牲畜啃食等方式，对稻田上下方的乔木和灌木进行人为控制。这样的浅草带可以发挥多重的生态功效，不仅可以增加稻田周围的通光、通气程度，又可以防止森林中的大型食草动物进入稻田进行破坏，还给耕牛甚至马和羊提供放牧场所。最重要的功能是，这样的“浅草带”可以降低地表径流的速度，使流水携带的泥沙就地沉积，缓冲泥石流和山洪对于稻田的危害。同时，这些浅草带的存在还可以确保某些草地动植物得以多样并行延续。此外，在这些地区，靠人工维护的防护林，在集中分布的稻田之间，将稻田按等高线分割开来，形成稻田、丛林交错分布的景象。组成这些防护林带的树木通常都是当地精心挑选出的耐湿树种，如杨梅、野生猕猴桃等来营造。在山高坡陡的环境下，这样的防护林能够对水土流失、泥石流等起到有效防范的作用。

在陡坡上按照这样的方法修建的梯田，由于土壤结构可能不同，同一块稻田

浅草坡·人工砍伐控制（梁全康/摄）

浅草坡·焚烧控制（杨通荣/摄）

泡冬田（张成武/摄）

中的土壤构成可能存在明显的差异。当地人为了应对不同土壤构成的问题，在插秧时根据糯稻品种习性实施分块混种的方式，这样便适应了土壤的差异，也形成了现在一块稻田内种植不同糯稻的奇特景象。既满足了人们对糯稻的需求，又保存了水稻的多样性。为了在稻田中饲养鱼类，稻田内终年不放水，因此，这种“泡冬田”始终保持结构的一致性，不会因冬天放水而土质硬化。同时，常年储水的稻田对提高森林区域内储水能力具有重要作用。

山中森林在人们的观念里异常神圣，任何人不得侵犯砍伐。特别是出于自然崇拜，以及为稳定农田和各种水利设施以保障村落的自然环境，侗族人对于寨

头寨尾以及村寨周边生长的“护寨林”和“风水林”有严格的禁忌，不可动土挖掘，并认为对这些树林的人工破坏会给村寨招致灾难。因此，山中的森林大部分都是保存较为完好的自然林。除此之外，侗族人凭借自身的森林经营智慧，形成了一套独特的人工营林技术，包括从林地的开辟与更新、育苗、划界、移植、定制、林粮兼作，到封闭式育林，砍伐出售整个生产环节的全套技术，并且整个生产过程还有自己独有的文化制度与社会制度来保障人工营林业经营的稳定性，从而使森林一直保持着郁郁葱葱。

侗乡人在丛林中修建稻田，无意中为森林生态系统插入了湿地生态系统。稻田生态系统使得本来仅限于江河地带的生物群落转移至高海拔地区，增加了山区生物物种的多样化水平。正因为如此，侗族地区的森林生态系统与稻田生态系统才能共同存在、紧密联系、相互支持。

总之，侗族人在从事稻-鱼-鸭系统生产中，构建的鱼塘、稻田、森林共生的模式具有重要的生态意义。人工挖掘的鱼塘、人工修建的梯田、人为构建的稻-鱼-鸭系统都属于次生湿地系统。湿地生态系统对侗族地区的生态功能包括：提供水资源，蓄洪防旱、降解污染、调节气候、保持生物多样性，提高水源涵养能力，控制土壤侵蚀等。湿地生态系统不仅满足了侗族地区对食物的需求，而且进一步保护了山地生态系统的稳定。除湿地生态系统以外，森林生态系统也同样具有多种生态功能，包括涵养水源、水土保持、固定二氧化碳、净化大气、游憩以及生物多样性保护等。稻田湿地生态系统与森林生态系统的紧密结合，对当地生态环境具有重要的稳定作用。不仅如此，这种1+1>2的生态功能，对整个珠江上游的生态环境也具有重要意义：提高了水涵养能力，形成了多层次的森林湿地生态系统，对保持水土具有重要作用。

稻田与森林生态系统和谐共生（梁全康/摄）

四

严谨缜密的技术体系

（一）由相克到相生——稻-鱼-鸭共生的秘密

在黔东南层峦叠嶂的大山里，在清澈的都柳江畔，有一片侗族人的集中聚居区，称之为“侗乡”。每年谷雨前后，侗乡人劳作的身影就出现在层层的梯田里。当培育的秧苗高约3厘米的时候，他们将苗密密地移栽在稻田里，这个过程叫做寄秧。一个月之后秧苗再分到其他的稻田里面栽培，秧苗插进了稻田，鱼苗也就跟着放了进去。等鱼苗长到两三寸，人们再放入雏鸭，于是形成了典型的传统生

都柳江梯田风光（梁全康/摄）

态农业系统——稻-鱼-鸭复合系统。

然而，在稻、鱼、鸭三者之间，鸭并非一个天然的和谐因素。因为鸭会吃鱼，鸭也会吃稻。那么，侗乡人是如何让三者由相克转为相生的呢?

从空间上看，在稻-鱼-鸭系统中，有机体之间不仅确定了多种共生关系，而且养成了特有的生活习性，在系统中占有不同的生态位，摄取不同层次的物质和能量。稻田是浅水生态系统，水体内的生物容量有限。从稻田生态系统的垂直结构上分析，主要分为水上层、表水层、中水层和底水层四个层次。水上层的挺水植物（水稻、长瓣慈姑、矮慈姑）为生活在其间的鱼等提供了遮阴、栖息的场所，鸭也主要在水上层活动。表水层分布着较多的浮游生物、浮叶植物（眼子菜、苹）和漂浮植物（槐叶萍、满江红），它们靠挺水植物间的太阳辐射以及水体的营养进行生长繁殖，此外还有从稻株中落下的昆虫，它们是鱼和鸭的重要饵料来源。鱼主要在中水层活动。底水层聚集着底栖动物（河蚌、螺）、细菌以及挺水植物的根茎和沉水植物（黑藻），一些螺、河蚌等可为鸭所捕食。

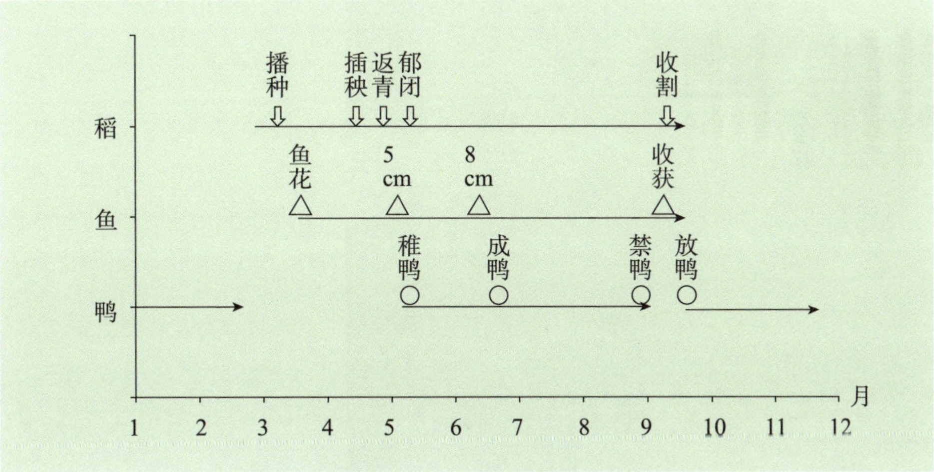

稻-鱼-鸭系统生产实践操作图（张丹/绘）

从时间上看，稻、鱼、鸭本来是具有相克禀赋的物种，要把它们放进一个人为的系统中，就要尽量让它们相生，而避免相克。根据水稻、鱼和鸭的各自生长特点和规律，尽量选择适宜的阶段，使三者和谐地共生。

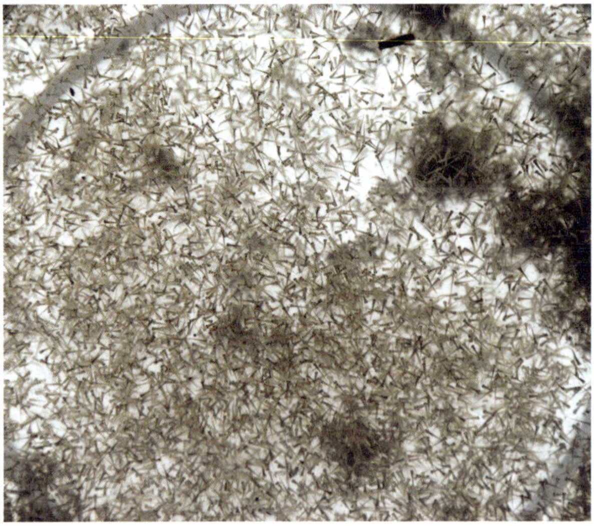

鱼花（梁全康/摄）

雏鸭（杨通荣/摄）

备耕前，从正月孵出鸭仔3天之后开始，可以放到田里，一直到农历三月初为止。农历三月初，水稻播种，在下谷种的半个月左右，放鱼花（刚刚孵化的鱼苗）。四月中旬水稻开始插秧，由于鱼此时个体很小，不会扰动水稻的定根，因此可以与水稻共生，而鸭则不同，即使是稚鸭也会扰动稻秧的定根。稻秧插秧返青后，田中放养的鱼花体长超过5厘米，稚鸭无法再吃它们时，开始放养稚鸭。当水稻郁闭之后，鱼体长超过8厘米时，成鸭也可以开始放养了。之后的112~137天内，稻、鱼、鸭就和谐地共生在一起了。直至水稻收割前期，稻田再次禁鸭，当水稻收割、田鱼收获完毕，稻田才再次向鸭开放。

（二）代代相传的财富——糯稻的留种与收获

秋收时，侗乡人除了考虑产量之外，还从米质、米粒色泽、味道、油分，以及在不同土地上的表现、适应的气候条件等方面来进行品种的选择，预留稻种，单独存放，保证无病源。收割后的糯谷，第二年播种出芽率超过95%，但隔一年后出芽率就会降到50%，三年后再播种出芽率就不到20%了。因此，在从江这样高度潮湿的地方，光收藏稻种还达不到保种的目的。要保种就必须年年种植，至少也需要隔年种植，才可以确保不失传。

在从江，糯稻的收获主要有以下几个过程：

摘禾（梁全康/摄）

摘禾与摘禾刀（① 梁全康/摄　② 杨通荣/摄　③ 张成文/摄）

（1）收割　与籼稻不同，传统糯稻的收割要用专门的摘禾刀把稻谷一穗一穗地切断，这个过程被称为摘禾。

摘禾刀刀片长3厘米，宽1.5厘米，嵌在牛角似铜片或木片中间。铜（木）片后部通一小孔，穿上带子，用时就捆套在手上。有的穿上一根约17厘米长的木轴，使用时把木轴放在食指和中指之间，刀刃朝前，把刀放在中指和无名指中间，用来收割糯禾。收割糯禾时用摘禾刀，每天可收禾150斤左右。

（2）晾晒　剥去糯禾穗的外叶，留下一尺多长的禾秆，约三百根扎为一捆，

晾晒（① 梁全康/摄 ② 杨通荣/摄 ③ 张成武/摄 ④ 张成文/摄）

在禾晾上晾晒近1个月，再收进禾仓。

禾晾是苗侗人为了晾晒禾把，并使之免受家禽、家畜和鼠类糟蹋，而专门造出的一种木结构建筑。禾晾建在当阳、通风的寨外、塘边，也有少数建在鼓楼边。禾晾的建筑形式有几种，一种是常见的“一”字形禾晾，另一种是“井”字形禾晾。

（3）脱粒　刚收获的香禾糯不易脱粒，而且谷粒不耐高温，若曝晒，加工时则碎米多，成色差。一般地，晾晒一个月后，籽粒中的水分降至15%左右，这时再用脱粒机及时脱粒或收进禾仓。

禾晾（梁全康/摄）

晾晒（张成文/摄）

（4）保存　禾仓，一般是干栏式建筑（是指在地上或水中打桩立柱，树栏杆，将房屋构筑其上，用这种方式修建的房屋），此种建筑最实用的功能便是有防火、防潮、通风、干燥、防鼠、防虫、恒温等优点。

传统舂臼与打谷机脱粒（① 梁全康/摄　② 张成武/摄　③④ 杨仪波/摄）

禾仓（梁全康/摄）

（三）稻-鱼-鸭系统的关键——鱼花的繁殖技艺

稻田养鱼需要年年放养鱼苗，当地侗族人称为“鱼花”。要使稻-鱼-鸭系统这项技术得到传承与持续发展，鱼苗的繁殖、供给是关键。

（1）种鱼的选择 相传侗族的种鱼都是从河鲤中精选而来的，后来基本上从稻田放养的鲤鱼中进行挑选。侗族认为红鲤和花鲤培育出的红鱼、花鱼，放养在稻田中太显眼，一容易被鸟兽叼食与捕食，二容易被盗，三认为有病的人不能食，故多以青鲤作为选择的对象。选择的标准为：体长，嘴正，腰直，尾宽，健壮。

（2）打鱼窝 清明节后在河床边浅水处围小池，约1~2平方米，水深0.2~0.3米。

（3）搭配种鱼 将8龄以下3龄以上雌鱼和1~2龄雄鱼放入池中，每池雌雄数量的搭配最佳的比例为3~5：1。将搭配好的种鱼放入交配池后，在池上搭上木架，架高以水平面为准，架上铺上晒干的鱼草，再用杉木皮或米栗树叶将鱼草覆盖。

（4）交尾 昼夜观察交配状态。当探听到鱼儿交配发出的响水声停止后，立即将鱼草收回，如不及时收回，鱼儿易将产在鱼草上的鱼卵全部吞食。

（5）孵化 将收回的鱼草提起，转移到事先搭好的草棚中进行淋水孵化或带回家中置于阴凉处。不时向它洒水3昼夜后，观察到鱼卵中有动态，再将挂满鱼卵的鱼草放入特制的长方形木盆中进行孵化。

鱼花繁殖
①繁殖鱼卵的小水塘（张成文/摄）②选中的母鱼（张成文/摄）
③交尾（梁全康/摄）④淋水孵化（梁全康/摄）⑤繁殖鱼卵的草（张成文/摄）
⑥繁殖的鱼卵（张成文/摄）⑦移入木盆中孵化（杨通荣/摄）

（四）一物降一物——病虫的生物防治技术

在从江，采用生物技术防治农田病虫危害，是传统农耕技术的重要组成部分，也是稻-鱼-鸭系统农业文化遗产的重要内容。

（1）稻田放养鱼鸭。鸭食虫，鱼食草，以鸭鱼粪便为水稻提供肥料；稻花可作为鱼的食料，禾苗则为鱼、鸭提供荫蔽；整个种植过程不施用农药和化肥。

（2）使用自制的生物农药苦楝树叶水、烟叶的茎秆，防治螟虫、稻苞虫、稻飞虱，用鱼藤水兑桐油，防治螟虫、卷叶虫等。

（3）采用配置农田生物多样性的方式，使天敌自然形成，实现害虫的全生物防治。如田埂上种大豆；以稻虱缨小蜂和黑肩绿盲蝽防治迁飞性害虫稻飞虱；以螟卵啮小蜂防治水稻土著性害虫三化螟。

稻田放鸭（梁全康/摄）

（五）就地取材循环利用——有机肥料

就地取材制作有机肥料，既合理利用了当地的生物资源，又维持了稻田生产力水平，保护了良好的农田生态环境。

（1）制作堆肥　制作堆肥时，首先把稻草或青草与牛厩里的牛粪充分地搅拌均匀，或拌上猪粪，堆成一堆，泼上稀牛尿粪和人尿粪，然后用牛粪或稀泥封堆，让其自然发酵腐熟。在发酵过程中，还要用棍子在粪堆上插几个小洞，使其能够透气。由于发酵过程中产生高温，能够将人畜粪便中的病原菌、寄生虫以及其他有害物质进行无害化处理，同时通过微生物的作用能够把植物中的秸秆高度腐烂，使有机物发生分解，便于农作物生长的吸收应用。

堆肥的发酵时间一般至少要半个月以上，时间越长，腐熟程度越高，肥效越

采秧青（杨仪波/摄）

好。在从江，堆肥一般在冬季进行，以备来年春耕用肥。大多村寨还将堆肥积在来年准备用作秧田的稻田里，耙田时直接扒开，肥力不易流失。

（2）采秧青　每年三月下旬至四月上旬，村民到山上采集青嫩的树叶，然后放到田里，并犁于土下，让其自然腐烂后作为水稻种植的底肥。秧青所采取的树叶主要选择青冈树的树叶，因为青冈树叶容易腐烂，在农户下田劳作时不会割脚。过去种植水稻，一亩田要放入一百捆左右的秧青。

采秧青（张成文/摄）

（六）从相容到相生——人工育林技术

侗族林木栽培技术和管理模式的特色，是以人工控制的“火烧”手段开辟和清理宜林荒地，然后实行集约化育苗移栽、林粮间作，最后封山育林。侗族清理宜林荒地一律采用火烧，既不翻土，也不修筑梯土，而是保持原有地貌。集中设置秧床培育杉树苗，定植苗木时，将地表浮土拢成小丘，然后在小丘上面定植苗木。定植时还将主根切断，且不设株距和行距，根据地势定植。所种植的人工林树木品种，在杉树之外还有15%左右的乔木和阔叶树。在人工林郁闭前，还会在育林地混合种植（套种）芋头、魔芋、玉米、红薯等多种旱地粮作物，有时也套种油桐等经济作物。

侗族地区的宜林地，土壤基质大多来源于石灰岩和页岩的风化物，颗粒度十分细小，因而土壤的透气透水性能都很差。长期种植杉树后，有害杉树的病菌长期滋生，很容易对定植的苗木造成损害，定植后不免损伤的根部往往成为病菌的突破口，即使定植成活也长势不旺。因此，定植杉树时多采用切主根浅植的方法，同时在林地中套种各种农作物，目的是当这些作物枯萎后，原有的根系形成众多孔道，使杉树的侧根迅速蔓延。这些技术操作恰好避开了当地土壤细密、透气透水性差的弱点，同时有效预防了有害病菌的蔓延。

定植时对主伐后留下的树墩不加清除，而是用火焚烧，来年萌发出的新树苗不仅能减少定植苗木的投资，还能使林相参差错落，郁闭速度明显提高。林粮间作也是当地的一种农作传统，对树苗进行精耕细作，有利于树苗茁壮成长。这种实生苗和再生苗并存的育林办法，加上林间农作物套种和其他乔木混种，使人工杉木林的构成接近于自然森林系统，既活化了土壤，还消除了病虫害，有利于杉木蓄积量的增加。

（七）传女不传男——织染工艺

侗族传统服装有性别、年龄、盛装和常装之别，颜色尚青、黑，取之于禾苗浓绿的颜色，由上装、下装（裙、裤、绑腿）组成。为适应雨雾环境，侗族服装的面料都经过精心处理，表面光洁如镜，使落到衣服表面的露水和雾滴不会扩散，不会湿透衣服，而是滚落地面。为适应湿热多变的环境，他们的衣服穿脱便捷，过分湿热时衣裙可以转为外披；阴冷回凉时，外披可以转为保暖的紧身外套。男装普遍设计宽裤脚，以便于做水田农活时将裤脚挽至大腿上部而无不适感觉。绑腿由两块布片附上系带而成，捆缚在小腿上，易穿易脱。穿上后可避免虫子伤及人体，脱下后不会被打湿。

侗族服装的最大特点是纯粹手工制作，其穿着的服装从种植棉花、纺纱织布、种靛印染到缝纫织绣，都是妇女一手操作，工艺十分考究。织造布匹要花费妇女们大量的时间，为了一家人的衣着，她们长年忙碌。纺纱织布是妇女们一生中最重要的生活技能，因而她们代代相传，纺纱织布的经验保存得相当完好。

服装原料制作的工艺流程为纺织、制蓝、洗染，其中纺织包括轧棉、弹棉、卷筳、纺纱、绕纱、排纱、整经、织布八道工序；制蓝有泡蓝、打靛和沉淀三道；洗染有洗染、上胶、槌、刷蛋清、蒸五道工序。在这十六道工序中，涉及棉花、杉木、竹、马蓝、葫芦、糯稻、薯莨、鸭或者其他禽类等至少九种动植物，而且这些动植物是侗族日常生活中非常常见的物种。

（1）轧棉　九月份，棉花成熟后，采摘下来，经过晾晒，用轧车脱去棉籽。

（2）弹棉　棉花去籽后，要弹松软才能使用，弹棉花的工具是弹弓。

（3）卷筳　又称搓条，是将一片弹松的棉片，用长约30厘米的无节的竹节，在板上用手一搓，遂成棉筒。目的是使呈筒条状棉卷中的纤维，均匀配置，以便纺纱时，纤维连续从棉条下牵出。

纺纱（张成武/摄）

（4）纺纱 去籽后的皮棉，经过弹棉花、搓条等工序后制成棉条，方可纺纱。纺纱的工具为纺纱机，每个家庭都有。纺纱机主要由木架、纺针、踏板、木轮等部分构成，是当地木工技师制作。操作时，妇女们坐在纺纱专用的高板凳上，纺纱时手脚皆不能停歇。用双脚踩踏板，左手拿着棉条牵纱，右手则及时理纱。

绕纱（张成武/摄）

（5）绕纱 纺出的棉线，经过绕纱，一部分作经线，缠于竹纺锤上。一部分作纬线，缠于小竹锭上。

（6）排纱 排纱是在经床上进行的，经床由一根由粗及细的杉木，连接两条经耙组成的，经耙上12根经牙用于缠绕经线。

排纱（张成武/摄）

（7）整经 整经是织作前的重要工序，其目的是将纺锤上的棉线，按需要的长度和幅度，平行排列地卷绕在经轴上，形成一个自然的梭口。

（8）织布 经线梳好，安在织布机上，纬线则边织边上梭。织布的工具为织布机，主要由踏板、竹筘、卷纱轴、纵线、拉手、木梭等部分构成。织布时，妇女坐在木凳上，两只脚交替踩放踏板，以使经线上下拉开。同时双手不停地抛、接梭子。而且一手抛放梭子后，要及时拉竹筘将纬纱击紧。布织到一尺左右时，将卷纱轴放松，把布卷到滚筒上。织好的每筒布都长达20米左右。当地妇女一般在婚前织有大量的布和缝制大量的衣服作为嫁妆，作婚后备用。

（9）泡蓝 八月的清晨，妇女要赶在太阳上山之前采集马蓝，侗族妇女认为只有新鲜水嫩的马蓝茎叶才可以制作出优质的染液。将采摘来的蓝草放入大木桶中，用清水浸泡数天直至充分腐烂。等出蓝后，用手捞净蓝草控其渣，投入田间施肥。桶内液体呈淡蓝色。

（10）打靛　把生石灰装入布袋中，用手抓紧袋口伸到桶中来回浮荡，袋中石灰在桶中液体的浸泡下迅速溶化，液体呈现深蓝色。然后用瓢将桶中的水舀起倒入，如此循环，直至泛起丰富的泡沫。

（11）沉淀　待桶内液体沉淀后，倒去面上的清水，捞出沉在桶底的深蓝色泥状物，即是蓝靛成品。

（12）洗染　染布前，先取一把稻草点燃，然后将充分燃烧后的稻草灰放入藤篮中，以水瓢舀水过滤，黑色的稻草灰水注入染桶中，然后加入泥状的染膏，用木棍搅拌，再倒入侗家人自制的糯米酒充分搅拌，染液就做好了。染液作好后，然后将织好的白布，放入桶内浸泡，取出在清水中洗净复入染桶，并不时取出洗净又入染桶。如此多次，视布料染到均匀程度后取出洗净晾干。浸、染、晾的次数越多，染的效果就越好。

（13）上胶　将一小块固体牛皮胶放在水盆里，在火上加热熬化后，用稻草秸扎成的刷子蘸上牛皮胶汁均匀点洒在布上。

（14）槌　将布匹叠成一摞摞，铺在石

泡蓝（张成武/摄）

打靛（张成武/摄）

织布（张成武/摄）

洗染（杨通荣/摄）

板上面，用木槌在石板上连续捶打三天。每次槌完都要拿塑料布包裹严实，防止布匹风干变硬。

（15）刷蛋清　用羽毛刷蘸鸭蛋清刷在布匹正面，蛋清能增加布匹的亮度。根据亮度的需要决定蛋清液的多少，然后用双手撑起布匹在火上烤干。

槌（张成武/摄）

（16）蒸　把布匹卷成筒状放入甑中蒸，蒸20~30分钟，取出晾凉。再放入染桶里漂洗，晾晒，反复数次，即成闪闪发亮的紫青色侗布。这种经过染、洗、刷蛋清、反复槌打、蒸煮的布匹，最后已经看不出布的纹路。这种布俗称“亮布”，不加蛋清的，呈黑色的称为“青布”。如果再加薯莨煮的水，就可以做成褐色的布。

晾晒（张成武/摄）

（八）舌尖上的侗乡——饮食技艺

侗族多以糯米为主食，在吃糯米饭的同时，还喜欢将糯米制成各种糯制食品，糍粑、扁米、甜酒等，是“糯米饮食文化圈”中的重要内容。侗族至今仍然沿袭“饭稻羹鱼”生活习俗，侗族所办的一切红白喜事，都离不开鱼，包括三朝满月、男婚女嫁、竖房进新、老人过世及平日招待客人等。渐渐地，围绕着糯米和鱼的烹制，侗乡人发展出来许多独特的加工技术。

1 腌鱼

腌鱼是当地公认的珍味，含有人工无法合成的氨基酸以及多种维生素等，具有健胃、助消化的功能。腌制10年以上的腌鱼还可以治肠炎、止泻，特别是病后或产后食欲不振，吃腌鱼能增强食欲，振奋精神。

腌鱼（张成武/摄）

制作腌鱼有一定的工序，正宗腌鱼是用稻田放养的鲤鱼。秋收时节，放干稻田，捕来放养半年的鲜活鲤鱼，每条约重半斤左右，将鱼从背部剖开，除去内脏，加食盐、料酒、茴香等作料，晾至半干，再把盐水浸泡过的糯米饭，加辣椒粉、花椒等拌成腌糟，用腌糟填入鱼腹。然后在腌桶或腌坛里铺一层腌糟，铺一层鱼，层层相叠。若是用木制腌桶腌制，装满后需用水芋叶等将桶口包好密封，数月之后就可食用了。

过去腌制用具多为专用杉木制桶，木桶口径30厘米左右，高约60厘米，每户均有3至5桶，足够一年的食用。用木桶腌制的鱼存放时间长，可达20年，不易变质，香味浓，有甜味。腌制一年后的腌鱼，其色呈红色，干湿适当，酸度适中，特有的香气令人垂涎欲滴，放入口中酸、辣、香、甜，让人精神大振，食欲大增。腌鱼可以直接食用，不需任何加工，原汁原味。也可用火烤炙，皮脆骨软，味纯留香，回味无穷。

❷ 烧鱼

烧鱼也是从江侗族最喜爱的一道山野佳肴。侗族有顺口溜“家有粮食千万担，不搞烧鱼不下饭”，足见烧鱼在侗家菜肴中的地位。它刺激食欲，增加饭量。烧鱼这道菜最先是在田边吃的，摘禾的时节，人们邀约上亲友，罗汉更是约了姑娘名为帮摘禾，实为吃烧鱼去了。带上糯米饭、盐和辣子，到田里一边摘禾，一边则放水抓鱼找香料，张罗着烧鱼。先找一方平地燃起一堂篝火，用小木棍或竹条把活鲜的鲤鱼从嘴里穿插至鱼腹，不需剖腹收拾鱼腹内的肠子，放在火边慢慢地烘烤，不断翻转，使鱼烧得金黄。同时找香料的人把辣子放进火灰里烧好，与从田边地角找来的野韭菜、野葱、野蒜、鱼蓼、折二根（鱼腥草）、花椒等拌好做成佐料。然后把烧好的鱼剔下鱼肉，除掉鱼刺收去鱼胆，放到盛有佐料的盆里搅拌而食，也可以人手拿一个烧好的鱼，各自就着佐料而食。伴着稻香，其味清甜可口，别有风味。

从江县内各民族均有吃烧鱼的习惯，侗族更讲究些，甚至“有鱼必烧”。这道本为减少锅瓢碗铲而在田边地角随意制作的民间小菜，也随之搬到了家中的餐桌上，

烧田鱼（梁全康/摄）

田鱼宴（梁全康/摄）

并且成为家有客人时必备的一道大菜，以示对客人的敬意。

3 酿酒

从江境内的少数民族都喜欢饮酒，包括相当部分妇女亦有饮酒的习惯。客人来了用酒招待，逢年过节饮酒欢庆，欣逢喜事以酒庆贺，邻里不和用酒化解，路途劳累以酒解乏。酒，在从江农村社会生活中占据着极其重要的位置，形成了特有的酒文化。酿酒也成为农村每户都能掌握的工艺，从江饮用的酒几乎都是自己酿制的。根据酿制的工艺差别，从江民间酒的种类主要有烧酒、甜酒、泡酒、煨酒、重阳酒等品种。

自制酒曲要上山采集十多种药草，将它们加工成碎末与麦麸拌在一起，捻成圆球，密封，等发酵后即成。

烧酒是最常用的品种，遍及全县各村。其制作工艺主要是，将糯米煮熟，倒出使之冷却后撒上酒曲。酒曲的用量为每5千克米约需放0.05~0.1千克酒曲。将酒曲与米饭拌匀后，装进缸子中，约几天后就发酵成酒糟。将酒糟倒进大锅中，再往锅中放上烤酒专用的木甑。从木甑旁的一处直径约2厘米宽的圆孔处安放涧槽，槽端与竹管相接，竹管下放酒缸。甑子上面放上一口铁锅，称为“天锅”。天锅内装冷水。当酒槽遇热变成蒸汽，蒸汽上升至装有冷水的天锅底部，遇冷则成酒，滴进涧槽，流入酒缸中。

泡酒也是一般家庭最常饮用的水酒，其制作工艺较为简单，一般家庭成员都会制作。泡酒多用糯米酿造，其制作方法为：将糯米用温水浸泡几小时后，倒进甑子里蒸熟，把蒸好的米饭倒出使之冷却后撒上酒曲，将酒曲与米饭拌匀装进一种小口缸子里。待发酵成酒糟后，加入一定比例的烧开冷却后的水，再存放一、两天即可饮用。泡酒入口醇和甜润，饮后甘爽味长。

甜酒以糯米为原料做成，具体做法是：将糯米饭蒸熟，倒出冷却后用专制甜酒的酒曲与糯米饭拌匀，然后盛入坛子。如气温较高，把坛子放在屋内即可；如天气寒冷，须将坛子放在火塘旁，几天以后发酵即成甜酒。甜酒既可饮用其汁，也可连同其糟一起食用，味道十分清甜可口。冬季食用可以暖胃御寒，夏季可以用之消暑解渴。甜酒也常作为当地妇女产后必备的补品，通常与鸡蛋同煮食用，营养丰富。

煨酒是将酒置于火边煨烤而成的，所以称煨酒。主要产于县内刚边、秀塘、加榜、宰便等壮族乡镇，是壮族的传统佳酿。在壮族人家几乎都制作有几坛煨酒。煨酒选用优质糯米为原料在重阳节期间酿制。先将糯米淘洗，用清水浸泡12小时，至略有发胀，便用蒸笼蒸熟，将蒸熟的糯米饭趁热摊开，使其疏松，让其自然冷却至30℃左右，然后将适量的水、酒药洒于糯饭中轻轻拌匀。之后，将拌

煨酒（杨通荣/摄）

好酒药的糯米饭装入事先准备好的酒坛子中压实，中间做一小凹，加盖保温两昼夜，就可见酒汁渗出于凹处，此时按1斤米1斤水的比例掺水浸泡，待酒精度达到30度左右，滤出酒渣，把酒汁倒入小口酒坛中加盖密封，用粽子叶包好，外用黄泥巴封好坛口，将坛置于火炉边慢慢煨烤。约一个月的时间后，再移到阴凉处存放，这时也可开坛饮用了。当然，密封时间愈长，酒醇香度、可口程度就愈甘美。窖到五六年时，酒成浆液，会像糖丝一样起粘连，颜色为深褐色，醇香浓郁，味甜如蜜。有的人家在女孩出生办三朝酒时即酿制煨酒，直到女儿长大出嫁时才拿来酬谢亲友，20余年的老窖酒，其醇香更胜一筹。

重阳酒是每年农历九月重阳节配制的糯米酒，其制作方法是：先配制糯米酒，加入适量冰糖置于坛内，密封坛口，待满年后开坛，酒味四散，满屋醇香。重阳酒其味介于泡酒与煨酒之间，味道独特，醇香可口，是侗家酒中的珍品。只有远方贵客到家，主人才会取出“重阳酒”招待。重阳酒能祛风祛寒，常饮重阳酒能健体强身。

④ 糯米粑

也称糍粑，有白糍粑、豆糍粑等几种。制作糯米粑，是先把糯米淘洗好，浸泡一夜，捞出来滤干，用甑子蒸熟，用粑槽或石碓槌捣至完全没有颗粒，把它捏成拳头大小的圆个儿放在竹筛上压扁即成。有的人家还在糯米粑上印制各种红红绿绿的图文，如“新春快乐”、“吉祥如意”以及花草图案等，颇具文化艺术色彩。

糯米粑（张成武/摄）

在从江，糯米粑还被作为定情物，凡是姑娘和小伙子相爱，爱情发展到一定程度，姑娘就会把舂好的十二个糯米粑裹上芝麻，装在精致竹篮里，用对歌的方式送给自己的心上人，表达衷情，意思是一年十二个月，相思不断。

姑娘出嫁时，还要做“离娘

粑”。在新娘出嫁的头天，邀约寨上的姑娘、叔伯妈一同蒸糯米饭，做十二个碗口大的糯米粑。这种糯米粑有两层意思：一是不忘父母养育之恩，二是婚后生活惬意，美满幸福。

冷硬后的糯米粑用火烤软，其味醇香。过去春节期间，家家都要打数十斤糯米粑，有的还用黄饭花泡米制成金黄的糯米粑，有的还加入芝麻、花生等一起制作，其味更别致。

打糍粑（梁全康/摄）

5 彩色饭

糯食是从江农村人的主食之一。在不同的季节，他们会从山上采来不同的植物把糯食染成各种颜色，不仅使色味更佳，同时又增添了喜庆气氛。比较有代表性的当数以下几种：

一是乌米饭。是用一种属杜鹃科常绿灌木的嫩叶捣碎用其汁加水浸泡糯米，蒸熟而成。制成的糯米饭乌黑油亮、闪闪发光犹如粒粒黑珍珠，清香爽口，味美极佳，是纯天然食品。每年农历四月初八，是侗家人吃乌米饭的节日，家家都制作乌米饭。

二是五色糯米饭。是壮族传统的美食。每年“三月三”歌节、清明节、四月初八等节日，家家户户都要做五色糯米饭，以作赶歌圩食用，或祭祖祭神之用。他们选好优质糯米，采来紫番藤、黄花、枫叶、红蓝草，浸泡出液，分别拌上糯米，然后合而蒸熟，不仅色彩斑斓，而且味道香醇。四月初八，他们用五色糯米饭揉成小团团，粘附在竹枝上，插于祖宗神龛，祈求祖宗保佑五谷丰登。这种风味食品与祭祖娱神活动融在一起，充满着民族、地方情趣。

三是黄米饭。这是从江各族人都爱食用的彩色饭，制作简单。春天，从江山上都有一种灌木，开着一簇簇花蕊为红黄色的白色小花，当地称为黄米饭花，人们就连枝条一起摘来备用。不管是鲜花还是干花，用以煮水，待水冷后用来泡米，蒸出的饭金黄透亮，有一种诱人的特殊香味，使人食欲大振。黄米饭除清明节家家都制作食用外，平时也都常制作和食用。

乌米饭的制作过程（张成武/摄）

乌米饭与黄米饭（张成武/摄）

油茶（翟向东/摄）

6 油茶

从江山高林密，上山劳作极易腹饥口渴。油茶不仅能饱腹，且可生津解渴。因此，从江家家户户常年都备有供制作油茶的花生、阴米、茶叶等。阴米的制备比较简单，将糯米蒸熟后晾干即成。茶的选用一般有两种，一种是经专门烘炒的末茶，另一种是刚从茶树上采下的幼嫩新梢，这种常称为野茶叶，俗名母猪藤，多年生草本植物，味苦涩，是民间中草药，具有清热解毒、消炎去肿、补气助食、提神醒酒等作用。采摘的茶叶，先用开水略烫一下，使其柔软，然后把它塞入蒸糯米饭用的木甑内，每一寸厚隔着一层丝瓜布，用手压紧，继续煮，使其自然粘合，取出晒干或晾干备用。

吃油茶时，主人与客人都围坐于桌旁或锅灶周围，由主妇或女儿动手烹调。将阴米放入茶油锅，炒炸成金黄色的米花，之后炸花生。然后往锅内放入一把籼米，炸焦时，放入茶叶，煸炒后冲入清水，烧沸为紫黑色的茶水。取碗放糍粑片、米花、粉皮、酥花生，冲入过滤过的沸茶水，再放精盐、酱油、葱花、姜末即成。

第一碗油茶须端给在座的长辈或贵宾，以示敬意，之后依次端给客人和家里人。每人接到油茶后，不能马上吃，应把碗放于自己面前，待主人说“敬请”时，才一起端碗。吃油茶只能用一根筷子。每次打油茶，每人至少要吃三碗，不然会被看成是对主人不尊敬。吃过三碗后，如若不想再吃，则需把筷子架于自己的碗上，作为不吃的表示，否则，主妇就会不停地盛油茶，让你尽情享用。

油茶滋味独特，酥、脆、香、糊、涩、咸众味共生。加上主人热情茶道，更是回味无穷。油茶不仅可以起到提神醒脑、解酒、消除疲劳的作用，而且还可治疗轻微的感冒、泻肚等疾病。油茶既是侗族人的日常必备饮食，又是交朋友、待客人的特色佳品。

7 侗果

侗果是从江侗家制作、味道可口的一种糕点，以其香、酥、甜著称。逢年过节，侗家都要制作，并作为馈赠亲友的佳品。它的主要原料是糯米、芝麻和红糖或白糖。制作时，先将糯米浸泡蒸熟打成糍粑，放在簸箕内或案板上摊平，待冷却后，用菜刀或剪刀将米粑剪成1厘米见方的颗粒，置于太阳下晒干备用。加工时，放进干锅内慢慢加温，直到略现黄色，再取出放进油锅炸，使其发胀完全酥透，如同一颗颗金黄色的果子，故称侗果。用另外一口锅将白糖或红糖熬成糊状，把炸好的侗果倒入糖浆中进行快速翻动，使糖浆均匀地粘在侗果表层，同时将事先备好的芝麻撒在侗果上，使芝麻粘附在球果外表（这一道工序俗称穿衣），侗果即可告成。吃起来酥脆，香甜可口。

侗果（张成武/摄）

（九）不用一钉一铆——建筑绝技

侗寨建筑非常丰富，一般由民房、鼓楼及鼓楼坪、风雨桥、萨神坊、戏楼、禾仓、禾晾等组成。

侗族民居（梁全康/摄）

1 侗族传统民居

侗族传统民居为“干栏”式木结构建筑，具有浓郁的民族建筑色彩，是典型的吊脚楼，也是我国民族民居建筑中的一朵奇葩。

侗族民居多为楼房，楼高十多米，二至三层，一、二、三开间，房屋两头加偏厦。第一层堆放农具、柴火，是安碓舂米和关养家禽家畜的场所。第二层是居住层，前为走廊，宽约3米，不间隔，故房屋间数越多，走廊越长。走廊上放置织布机、纺车、长短凳、餐桌，顶端是接待宾客的客房。走廊外侧镶一米来高的短板，并开一至二个

吊脚楼之雏形（谌洪光/摄）

杉木为材（卢忠南/摄）

竖立起来的吊脚楼框架（谌洪光/摄）

圆形洞口，供狗向外张望。由廊而入堂屋，屋内正中是火塘。火塘间正中用石板砌成一正方形火塘，火塘一般不砌炉灶，仅在呈锅底形火塘中置铁三脚架，架锅炊煮食物，并围火塘就餐，冬天则围在火塘边取暖。火塘上悬一木（竹）质炕，上放置禾谷等需烘烤之物件。部分人家在正中堂屋或走廊板壁上置有神龛，神龛上供奉“天地君亲师”牌位。其余为卧室，卧室开设的推拉式窗户很小。第三层除了部分作卧室外，还可作挂禾把及存放杂物之用。

侗族吊脚楼以杉木为柱，杉板为壁，多以杉皮为瓦。修建时先根据地势修建2.5~3米高的底层立柱，底层立柱均选用直径40~50厘米的上好杉木，柱底垫青石板。立柱上部四面凿榫眼，用枋穿斗成排，镶满杉板，构成楼房的平座，其上再竖立第二层柱架。吊脚楼每层均比下层挑出一米左右，形成吊脚，吊下的柱脚雕成瓜状或龙头状。悬山式屋顶，屋脊高出面形成前后两边倒水，坡面的水步按“檐四中五六”尺寸设计斜面，从而形成了上陡下缓平的檐面。这样做盖瓦时不仅使瓦片不易移动，而且屋檐微翘使造型增加了美感而不至于呆板，形状如大鸟欲飞之势。

❷ 鼓楼

作为侗族民间建筑文化符号的鼓楼建筑，是中国优秀的传统建筑艺术之一。史载，侗族地区明代就建有鼓楼，从江境内现存最早的鼓楼建于清康熙十一年（1672年）。从江县境内的鼓楼有鼓楼和地楼之分，地楼亦是公共建筑，功能同鼓楼一样，但制式和民房基本相同。

从江的鼓楼一般由4根、6根或8根合抱的主承柱，作为支撑鼓楼的整体构架。鼓楼外形结构都是飞阁重檐，不用一钉一铆，层层收束而上，宝顶尖端直插蓝天，像株巨大杉树屹立在寨子中间。除苗族和少数侗族鼓楼楼冠采用悬山顶建筑工艺外，其余楼冠都是四角、六角或八角翘角攒尖顶。采用斗拱结构，保留着古建筑传统工艺，是鼓楼建筑的一大特色。大多数鼓楼楼冠的如意斗拱，都是采用变形人字斗拱和锯齿涩木构成，支撑着高大的楼冠顶盖。重建于1980年的西山陡寨鼓楼，使用的是正六边形如意斗拱和锯齿涩木构成。从下往上看，楼冠下的如意斗拱像一巨大的蜂窝。银良鼓楼楼冠下的如意斗拱，既不是变形人字形斗拱，也不是正六边形斗拱，却采用正四边形艺术结构。

增冲鼓楼（张成武/摄）

新建鼓楼（杨通荣/摄）

鼓楼系整体木质结构建筑，主要以杉木为建筑材料，亦有极个别的鼓楼主承柱采用杂木建造（如佰二下寨鼓楼）。密檐式重檐多为三、五、七、九、十一、十三、十五、十七……奇数，也有二、十二少数偶数重檐。鼓楼顶层鼓阁一般安放木鼓一个，鼓长约1.7米，鼓面直径约28厘米。木鼓鼓面为皮革，有的两头都用牛皮，有的一头用牛皮，一头用马皮。鼓楼因此而得名。

从江县现存鼓楼中，除增冲、信地、高仟三座鼓楼分别被列为国家级和省级重点文物保护单位外，还有则里、往洞、荣福、金勾、增盈、牙现上寨、朝利、表里、银潭上寨、佰二、宰门、大洞、大桥、登岜、新黔等15座鼓楼被列为县级文物保护单位。

❸ 风雨桥

风雨桥又称廊桥、楼桥或花桥，是侗族桥梁建筑艺术的结晶。风雨桥多建在村寨下方的河面上，部分建在田间。传统风雨桥建筑结构，主要是由桥墩、桥身

流架风雨桥（县志办/提供）

金钩花桥（县志办/提供）

和桥廊三部分组成，建筑材料就地取材，由梁、廊、亭等部分构成。桥梁多是巨大的杉木，桥亭青瓦盖顶，桥廊两边设置栏杆和长凳，既可对桥身起保护作用，又可供人们躲避风雨，所以又被称为“风雨桥”。长廊两旁的柱子、栏杆以及梁上，彩绘人物、鸟兽、民族风情等各种图案装饰，因此也被称为“花桥”。

风雨桥下部的桥墩通常设计为椭圆形或六棱柱体，外围用大青石筑成、内填以料石，竖向以3%收分，迎背水处为锐角，以减少河水的冲击力。中部的桥跨及桥面均以大杉木为原料，采用密布式悬臂托架梁和简支梁复合体系，巧妙地增大了桥墩的跨度和桥体木结构部分的重量及刚度。上部的楼亭和桥廊也取杉木为原料，采用横穿直套，卯眼结合的梁柱体系联成整体落在桥面上。桥廊一般采用抬梁式结构，桥廊两边及楼亭四边的栏杆扶手将檐柱连接起来，桥上的木凳又将中柱与中柱、中柱与檐柱连接起来。这些结构及构造措施增强了桥的整体性及稳定性，在桥台、桥墩上建楼亭，则起到固定简支梁的支座、减少简支梁的弯矩，使桥的各部分受力趋于平衡的作用。

从结构上看，风雨桥可以分为亭阁式和鼓楼式。桥面上有亭阁式建筑的是亭阁式风雨桥，这种风雨桥在侗族地区最为常见，是风雨桥的主要结构形式。亭阁式风雨桥的代表是流架风雨桥，该桥位于从江县东南面的谷坪乡。桥长廊上加盖3至5层的四檐四角的是鼓楼式风雨桥，鼓楼式风雨桥的代表是从江县往洞乡增盈村的金钩花桥。

4 戏楼

戏楼又名戏台，多建在鼓楼边，与鼓楼、芦笙堂、祠堂一道组成侗寨的核心部分。戏楼主要为二层一间穿斗结构吊脚楼悬山顶，覆盖杉树皮或小青瓦，正面吊爪呈外“八”字形，面阔近10米，进深7~8米，台面两侧及台中后部用杉木板装修或以半米栏杆，戏台后部封板，里设道具室、化妆间，两边各留一门，供演职人员出入。壁梁枋上多有装饰、彩绘风情图案、人物故事，富有浓郁民族风格。这一类戏台在从江县占多数，朝利小寨戏台、高阡宰养戏台、银潭戏台、则里戏台都是其中的佼佼者。另一类戏台地基略高于戏坪1.2~2米，比较有名的有：高增坝寨戏台、增盈戏台。每当节日及村寨之间吃相思等大型活动，戏班就轮番上阵，演出精彩节目。在侗族地区，戏台已成为境内民族文化的重要载体之一。

戏楼（县志办/提供）

5 禾仓

禾仓是从江县农村储存粮食的建筑，由于储存的粮食主要是禾产品，故称之为禾仓。侗乡家家户户都有禾仓，一般一户一幢，为一楼一底的木结构建筑。禾仓主要以杉木为建筑材料，悬山屋顶，上盖树皮或小青瓦，底部不装板壁，4根柱子落地，柱子直径一般20~30厘米，假中柱支撑屋梁，2排1间，立二层。禾仓高约2米，4根柱子等距4米（1丈2尺），取一年四季十二个月有陈粮之意。

禾仓（张成武/摄）

建造禾仓时，先用一块枋将两根柱子串起来，两柱之间装一根假中柱，让假中柱骑在穿枋上，再用一块穿枋串过两柱和假中柱，有的在柱和假中柱之间增加一根瓜柱，这就完成了禾仓的一排制作。两排都制作好后，即可竖禾仓架。立起来的两排架子要用4根4米长的穿枋串联起来，使之成为四面都是4米宽的禾仓架。禾仓架立好后，在第一层穿枋加装楼枕，铺上楼板，四周装板壁，只开一扇门，不留窗。禾仓不设楼梯，只备有可搬动的独木梯，供取放禾把使用。

一般来说，粮食储存的最大危害有三种，一是火灾烧毁，二是潮湿霉变，三是鼠虫偷食。侗乡人充分发挥自己的智慧，通过多种人为防范措施，有效地预防了这三种威胁。首先，侗乡人将禾仓建在距村寨几十米甚至上百米的地方，如村寨的路边、鱼塘边或鱼塘的水面上。建在鱼塘水面上的禾仓，事先要在柱子下面加垫露出水面的石墩，以免柱子浸泡在水里容易腐烂。由于距村寨较远，寨子的火灾不易殃及此地，加之邻近鱼塘，救火方便，可避免粮食因火灾烧毁；其次，禾仓底部不装板壁，使得禾仓内通风好，不易潮湿，可避免粮食霉变；再次，禾仓的柱子滑，密封好，可避免鼠类进入偷食。

❻ 禾晾

禾晾是从江县农村常见的一种木结构建筑，也已成为当地一道美丽的风景，它是村民用来晒晾禾把的。禾晾的建筑形式有几种，一种是常见的“一”字形禾晾，柱子用一根较大杉树锯成两半，从距根部2.1米左右地方开始，每隔0.5米凿一直径10厘米左右的圆孔（有的用半边凿成方孔）。圆孔数量根据木料长短来定，一般7至10个，圆孔凿成后，两边相距3至5米左右并相向埋入地里栽牢。再用直径10厘米左右的杉条木穿过两柱圆孔内（如果有半边是凿成方孔，杉条木的根部需劈成方形），便成了垂直竖立像一架巨型梯子那样的禾晾。另一种是用小圆杉树作柱子的禾晾，则不凿圆孔，只用青藤交叉把杉条木绑紧，使它成为梯子状，竖立牢固即成。“井”字形禾晾是四排“一”字形禾晾像“井”字那样交叉构成，多个“井”字形禾晾连在一起，又构成回廊式禾晾。一般而言，“井”字形禾晾较“一”字形禾晾耐用。禾晾有的盖顶，有的不盖顶，禾晾顶是用杉树皮盖的，一般都盖成一面坡倒水，也有少数盖两面坡倒水。

“一”字形禾晾（杨仪波/摄）

“井”字形禾晾（梁全康/摄）

五

古朴神秘的采风天堂

（一）奇特多样的民风民俗

1 岜沙成人礼俗

岜沙男孩到15岁以后，都要举行“成人仪式”，时间一般定在当年的秋末或初冬季节。当男孩年龄跨入15岁的那一年春季，其父在家中杀鸡，备上米酒、鱼等食物，邀请本家族中的“鬼师”，到家中作客，商定为男孩举行“成人仪式”的具体时间和相关事宜。一旦日期确定后，母亲便开始为男孩特缝制一套用于举行“成年仪式”所穿的新服饰。

当日期到来的头一天中午，父亲便在家中烧起旺火，请鬼师到家中，先用自制的腌鱼、糯米饭、米酒在火塘旁祭祀祖先。祭毕，用一把磨得锋利的镰刀把男孩头上四周的头发剃光，只留下头顶部分，然后将头顶中部所留的头发挽成“户棍”（鬏鬏），并用黑底白花包头帕子包成一圈，做好举行仪式前的准备工作。剃下的头发放入火中烧掉，以免被鸟雀、老鼠之类的动物带到野外，他们认为那样的话，人的灵魂就会走散，得不到祖先的保护。

岜沙少年盛装（韦德怀/摄）

第二天为举行“成人仪式”的正式日期。将请来房族中所有已经举行过“成人仪式”的兄弟，早饭后一起到宰庄（地名）坡脚的小河里拦河捕鱼，大家将捕到的鱼集中装入竹篓中，由男孩亲自拿回家，严禁其他人帮忙。到家后，将鱼倒入盆中，父亲选出3条生鱼留着祭祀用，其余全部用酸汤煮熟。母亲为男孩换上特制的新服装，等待着家族兄弟、伙伴们的到来。当天晚上，每个参加“仪式”的成员都必须穿上本民族的传统服饰，挽着“户棍”（鬏鬏），从自家带上一筒米来到男孩家，以示为该男孩添粮添寿增健康。

镰刀剃头（张琪/摄）

时辰一到，所有参加仪式的成员点上火把，男孩抱上甜糯米酒一坛，鬼师助手负责拿鸡、鸭，其余人员挑糯米饭、酸汤鱼、糯禾以及炊具等食品，由鬼师走在前面引路，依次到男孩、鬼师助手，其余人员紧跟其后，向早已选定的地方进发。

到达后，大家分头挑水、拾柴、立锅头，各负其责，一切准备就绪，给锅头加水起火。鬼师和助手则在朝东方的位置用石块砌成一个简易神台，摆上祭品，所有人面向东方肃立，聆听鬼师祈祷：“远在东边的祖公，远在东方的祖太，今天是个难得的好日子，今夜是个难忘的好时辰，我们来祭祖公，我们来请祖太，我们送饭来给公，我们送菜来给太，告诉祖宗知晓，我们家族又长大一个英俊的儿郎。忆想从前，我族翻山越岭，一路妖魔猛兽，一路病魔缠身，人丁逐渐减少……今日请求祖宗，保佑我们不再翻山越岭，护佑儿郎长大成人，一生一世都平安……。”念毕，把鸡鸭全部杀死，将血滴在神台的四周，最后将鸡鸭煮熟，鬼师组织在野外的平地上另燃起一堆篝火，大家拥着举行“仪式”的男孩从出生到现在的成长历程默念一遍，并让男孩念诵：“上山同路，下水同趟，有苦同担……”等誓言，庄严宣布，小男孩已长大成人。鬼师助手将煮熟的鸡鸭用剪刀剪为两半，连头的半只鸭、一条生鱼和一卡糯禾留给鬼师，连头的半只鸡及一条生鱼留给鬼师的助手，另一只鸡头、一条生鱼由男孩带回家，剩余部分按参加仪式的人员平均分给，各自带回家，以示告知全村，该男孩已举行“成人仪式”，其身份已由小孩变成了大人。晚餐则吃带去的酸汤鱼、糯米饭、米酒，这些食物亦由鬼师助手平均分给在场人员，整个仪式要到午夜才告结束。饭后，由鬼师先回自己家，其余人员才能陆续回家。所带去的炊具、碗筷全部留在山上，三天后才能拿回家。

举办过“成人仪式”的岜沙男孩，完成了人生旅途中身份角色的转换，从此开始了新的生活，承担起岜沙人应有的权利和义务，懂得了自己的社会责任，可以谈婚论嫁，参加村寨的各种重大事务活动，成为真正的岜沙人。没经举行过“成人仪式”留“户棍”的人，不论有多大岁数，在外面有多高的地位，都不能“入堂”参加寨上各种活动，并且死后只能像非正常死亡的未成年孩子一样被拿到山上去随意埋掉，而不能像成年人逝去时那样享受用禾晾上的木杆抬着进入墓地。如果有人因特殊原因没有留“户棍”（鬏鬏），那在他死后也要做一个假的“户棍”（鬏鬏）随他埋葬，这样他的灵魂才能归宿到祖先的族群里去。岜沙苗族成人礼，至今仍然是维系这支苗族凝聚力的精神纽带和情感寄托。

❷ 占里生育习俗

占里最神奇的地方，是其独特的人口、资源、环境之间的平衡关系和传统生育观念，及其控制人口的奇特方式与效果。据考证，自有人口统计资料起，占里全村的人口始终保持在700人左右。其中，1953年中国农村经济状况普查，占里人口是729人，为最多的一年，1994年为720人，2006年为721人。

自古以来，占里人便有自觉控制人口规模的传统。自新中国成立以来，占里创下了两个令世人惊叹的纪录：人口自然增长率几乎为零，刑事案件发案率为零。

占里的民风古朴，家家户户从不上锁，真正做到了夜不闭户、路不拾遗。

在占里，流传有一种能够控制人口的神秘草药，占里人便是靠它来控制生育的。据说这种神秘的草药叫作换花草，它是生长在山上的一种藤状植物。根据不同配方具有两大功效：一是避孕功能。在没有避孕药的年代，村中妇女在排卵期同房时，只要喝了换花草煎的药汁，便能达到自然避孕的目的。直到今天，占里的妇女仍在沿用这种传统的避孕方式。

二是确定性别的功能，即怀孕妇女可根据需要改变胎儿的性别。通常育龄妇女在生育第一胎时不计较胎儿性别，而怀上第二胎三个月内就会根据第一胎的性别去向“药师”求药，以便改变腹内胎儿的性别。今天占里的人口结构中，男女人口比例分别为52%和48%，全寨98%的家庭子女为一男一女，而这一比例长期以来基本不变，已成为一项神秘的课题。

占里秋色（梁全康/摄）

占里禾晾（梁全康/摄）

占里的婚姻、生育风俗，从古至今，神秘莫测，虽然未能为其找到令人信服的科学考证，而换花草的这些神奇功效也许将成为永久的秘密。据说知道换花草配方的只有村中被称作“药师”的人，“药师”通常为女性。因为其配方历来是“传女不传男、传女不传媳”，一般是母女相传，若“药师”女儿早殁或因其他原因不能继承，则只能在自己的表妹中找一女相传。换花草的神奇魔力还有待后人探索，可它却实实在在地在占里村千古流传着。

占里青年男女社交十分自由，一般在十八岁左右就可以结婚了。从古到今，占里人在正月初五和初六的日子举行订婚仪式，而婚礼则在农历十二月廿六日举行。婚后新娘一直住在娘家，“不落夫家”。只在农忙季节，或夫家有大事需要媳妇出面张罗时，媳妇才到夫家帮忙。直至3至5年后，新娘才住到丈夫家去，过真正的夫妻生活。这样的习俗使早婚不致早生早育。父母年老临终，女儿照顾母亲，男孩照顾父亲。无男孩养老的老人，则由财产继承人赡养。

寨中流传着这样一句古话：“生男孩保佑爸爸的财产，生女孩保佑妈妈的财产”。在财产继承上，男孩子继承的财产是田地、菜园、山林、宅地、牲畜和农具等；女孩子则继承棉花地、首饰、布匹等。如是有女无男的家庭，女儿可继承父母购置的全部财产，而祖上遗留的财产则由叔伯兄弟平均分配；若是有男无女，应由女孩继承的部分可暂由儿子代管，直到下一代再传给女儿。

占里还以歌为工具教化子孙。在占里流传着这样一首侗歌（汉译）：家养崽多家贫困\树结果多树翻根\养得女多无银戴\养得男多无田耕\女争金银男争地\兄弟姐妹闹不停\盗贼乃由贫穷起\多生儿女生祸根\……

在占里，有一种奇特的祭祀活动，叫“对石盟誓”，盟誓的石头叫“龙兵庚位”。占里人每年农历的二月初一或八月初一在寨老的带领下，各房族长将全寨已婚青年聚集在鼓楼下，杀猪焚香，同饮血酒，对石盟誓，以侗家人“起款”的方式约束各自生育行为。传说占里人的祖先原居住在广西梧州一带，为逃避战乱和饥荒，沿都柳江而上定居于此。由于这里土地肥沃，加上一家人勤劳肯干，置了很多田地，日子一天天好起来，邻里相亲，夜不闭户、路不拾遗，过着与世无争的桃源生活。可好景不长，随着人口的不断增多，生活逐渐陷入贫困，矛盾也相应产生。穷的又偷又抢，富的赌钱抽大烟。为找回曾经的和谐生活，占里人下定决心，控制人口，于是就有了前面所讲的换花草的神奇。

❸ 吃相思

如前所介绍，吃相思又称“为耶”，是侗族人最具群体活动的一项社交活动，汉语即“做客”。整个活动一般包括下面几个阶段。

一是拦路。客队抵达寨门，只见寨门已拦，主寨的姑娘们用板凳、草人、布料、标记、树叶等物搁置在寨门前路口设置障碍，以此拦住客人。拦路要唱拦路歌，这是吃相思的开头，也是侗族迎宾接客的最高礼节。主寨男女青年唱起“拦路歌”，说明拦路的理由。例如，“今日客来正忌寨/砍来树枝封大门/封门不让客人进/生人进寨不安宁”。客队回唱“开路歌”，将拦路的理由逐条驳回，并请主人赶快搬掉障碍物，让客人进寨。例如，“敬请你们莫忌寨/莫砍树枝封大门/搬开树枝让我进/客人进寨才安宁”。客队每答对一首歌，搬掉一样障碍物，一直把这些拦路的东西搬完。如果客方答不上或答不对，就自觉放鞭炮，以示认输。当所有的障碍物全部搬完后，才放三响铁炮，并吹芦笙，接行李，主客两支队伍合二为一，热热闹闹走到主寨的鼓楼坪，然后分户安排客人食宿。

拦路（张成武/摄）

二是鼓楼唱大歌。这是吃相思中的晚间活动。夜幕降临，主寨在鼓楼里燃起大火，主寨与客寨的青年男女相对入座对歌。歌唱自然、劳动、爱情和友谊。无论是男队或女队，都由一人领唱，众人合唱，时而高亢宽广，时而低沉悠扬。高、中、低音浑然一体，和声完美协调、格调柔和委婉、旋律幽雅优美。听众挤满鼓楼内外，久久不能尽兴。

三是唱侗戏。这是吃相思中较大的活动之一。侗戏是流传在侗族聚居地的侗族民间小戏，深受中老年人欢迎。传统侗戏不分场次，无

鼓楼唱大歌（张成武/摄）

须布景，只在前台靠里置一小方桌供戏师导演提词。道具只是扇子和拐杖，服装多为生活装。在吃相思中几乎白天晚上都要演侗戏，客寨来唱戏，主寨姑娘白天要敬午饭，晚上要敬宵夜，而戏班子则以糖果、红包之类相回报。表演过程中，主寨客寨，会即兴编台词互动，你来我往，情谊倍增，台上台下，热闹非凡。

四是多耶。这是在吃相思中，侗戏休戏时，在鼓楼坪上举行的更热闹的活动。多耶一般要由耶铺（赞贺耶歌）开场。此类歌是多耶的序曲，主要分为三部分，一赞鼓楼，二颂萨堂，三祝丰收。然后，正式的多耶便进入高潮，即男女两个歌队进行对歌，主寨和客寨各由一名歌师担当比歌的主帅。青年男女都穿戴上节日盛装，不分寨别，手拉手围成一层或两三层的大圆圈，边唱边跳。歌师在旁提示歌词（或直接领唱），队员用踩歌堂调子跟着唱末句。歌师有时为调动气氛，有针对性地现编歌词，以击中对方弱点为妙，以顺口和韵者为高。场外观众人山人海，哄笑不止。

多耶（梁全康/摄）

五是行歌坐月。这是吃相思中，两寨男女青年联谊、约会的活动。坐月（即走姑娘）是在月堂中举行的，当夜幕降临，客寨小伙弹起琵琶、牛腿琴走主寨的姑娘，主寨的小伙也弹起琵琶、牛腿琴找客寨的姑娘。男女青年三三两两相约见面后，一边弹琵琶，一边附着优美的情歌。情歌由个人独唱，男唱女答，女唱男答，情意绵绵，倾诉衷肠。

行歌坐月（张成武/摄）

六是赠送纪念礼物。吃相

客人返程（翟向东/摄）

思结束时，主寨人要送客寨人返回。送别时，主寨集体赠送客寨的礼物一般有锦旗、彩匾、活羊、活猪、活牛等等带尾巴的牲畜，表示此次吃相思尚未完结，还有尾巴，预示下次（来年或隔年）将要回访。作为个人的心意，主寨家家户户用糯米秆儿编织成一尺见方的片状，包上糯米饭，煮红蛋赠送客人。此外，还有主寨姑娘赠送的面巾、手帕、鞋垫、绣花带等。这些纪念品都吊挂在竹竿上，一路举起，让路人欣赏，以示得到主人的厚待。客人受礼后，通常以红包回报致谢。当主人放三响炮欢送客人出寨门后，双方男女青年还相互用红、绿等彩色汁液或膏物涂抹在自己心仪的姑娘和小伙脸上，表示此次吃相思已找到了意中人，用此作标记，以后要到家来求亲。被涂抹得越多的越高兴，说明爱的人越多。

4 斗牛

斗牛是从江苗族喜爱的具有悠久传统的娱乐活动。从江境内的苗族，特别是停洞、东朗、加鸠、加勉等深山区，均有斗牛的风俗。每逢节日喜庆，必以斗牛取乐助兴。根据当地流传的《斗牛古词》："孔明天相号召娱乐，苗侗祖宗凑钱买牛，吹笙斗牛，乐而忘返。"从江境内斗牛习俗可追溯到三国时期，至今已有近2000年的历史。据传说，孔明为使各族人民团结友爱，和睦相处，建起了"孔明斗牛堂"，用牛斗来取代各山寨间、各宗族间、各诸侯间的战争，并制定逢"亥日"斗牛盟约。从此，就兴起了不讲输赢、只讲情义的斗牛赛，以斗牛为乐的传统和习俗一直沿袭和流传至今。

斗牛之牛，多为水牛。一般由一个村或一个自然寨精心饲养一头，不从事任何劳作。斗牛选择条件严格，不仅要求牛的身体壮大、胸宽头角大，还要求毛旋、线条相配得体，只有各个方面都要符合标准的水牛方能入选。凡选中的斗牛

斗牛塘（梁全康/摄）

全村不惜重金集资购买，买回的斗牛由村中的养牛高手专职喂养，也有的村寨采用按户轮流喂养，牛所需的饲料及所花费用由全村每户均摊。斗牛平时除了吃青饲料，还吃糯米饭，临近斗牛的前半个月还要加喂一些白酒、辣子之类，使斗牛不仅身强力壮，而且凶猛好斗。若寨子能喂出一头屡胜牛王，是全寨人的殊荣和骄傲。

斗牛一般逢“亥日”，或喜庆、节日举行。牛塘一般选择在适中、宽阔的山间小平地上，四面地势较高，以便观众安全观看。斗牛活动可由牛塘所属的村寨来组织，也可以由各成员村寨轮流担任组织者。斗牛时间确定后要放绿叶（即斗牛通知书），通知附近村寨，也可邀请较远的乡村参与比赛。

斗牛当天要先敬社堂（苗族）、祭萨（侗族）。然后由青壮年男子为本寨的斗牛进行装扮。装扮以威风和喜庆为主，例如可以在牛背上配二龙抢宝的雕鞍，鞍上可以插双雉尾或者三角形彩旗，牛头角上可以系大红花，颈上可以系铜铃。装扮完成后，一人举着标示本寨斗牛的锦旗或“高脚牌”在前面开路，两个未婚小伙子用牛鼻竹竿拉着牛鼻，其余人员敲锣打鼓，扛着彩旗，吹着芦笙，扶老携幼，浩浩荡荡向斗牛塘开进。

各村斗牛到齐后，由组织者召集各村寨牛主商议斗牛事项。商议完成后，斗牛双方相互用松香晶体融化凝固在斗牛的铁角尖铁皮凹处，避免因铁角锋利而伤及牛，并约定谁的牛先在牛塘里迎接等待，谁的牛在后面入塘。对手和顺序确定后，竞赛就开始。每对牛进塘时，鸣放铁炮三声，先进塘的牛在炮声中由该村青壮年簇拥高喊中冲入斗牛塘，并绕场三周，然后便停在指定的位置，摆好战斗姿态，准备迎战对手。后入场的斗牛同样是在三声铁炮中被簇拥着冲进斗牛塘，但不必绕塘，而是气势汹汹直奔对手。“嘭”的一声猛烈对撞，即进入你死我活的搏斗。

如果两头牛势均力敌，长时间僵持不下，双方需派人同时用绳子将对方牛的左脚套住，将牛拉开，不让再打，这种情况称为双赢。双方簇拥着各自的斗牛，燃放鞭炮，绕场三周，欢呼胜利。如果在较短时间内，一方败下阵来，则对方为赢家。赢家簇拥着自己的斗牛，燃放鞭炮，绕场三周，欢呼胜利。如此进行，直至所有参赛斗牛完成竞赛。从江县民间斗牛主要为娱乐、为村寨的荣誉和自豪感而斗，一般不设奖，不评名次。

精彩瞬间（梁全康/摄）

狂欢胜利（张成文/摄）

（二）异彩纷呈的民族节日

❶ 芦笙节

居住在从江境内的苗族、侗族、壮族、瑶族、水族等少数民族都有吹芦笙的习俗。每年进入农历十月，金风习习，粮食归仓，为了庆贺一年来劳动的成果，人们就把封存半年多的大小芦笙拿出来，放在鼓楼里、祠堂中，供寨中的青年们吹奏。入夜，苗乡侗寨就会响起优美的笙歌，时急时缓，时高时低。寨与寨之间，互相呼应，此起彼伏，形成从江少数民族地区特有的风情。

在鼓楼吹芦笙（张成武/摄）

平时芦笙都在鼓楼内或鼓楼边的芦笙坪吹奏。据说，芦笙与鼓楼里的鼓相对，击鼓说明村里出了紧急之事，如战争、异族侵扰等，而吹芦笙表示平安。芦笙一般吹到次年春分前后，春耕生产开始，芦笙就渐渐被闲置起来，直到秋后。为了给节日增添气氛，有时过节就把芦笙拿出来吹奏，并且增大规模，久而久之就演变为各地的芦笙节或吹芦笙比赛活动。县内各乡村过节的时间不同，但多在秋、冬季。最具代表性和特色的，有洛香侗族、岜沙、大塘苗族芦笙节。

（1）洛香芦笙节　中秋芦笙节是洛香当地侗族一个隆重的传统节日，一般在逢农历的子、寅、辰、午、申、戌年的中秋节举行，其内容主要是组织芦笙队进行芦笙比赛。

赛事由中寨和平王寨共同主持，比赛不设奖品，只制作冠、亚军锦旗各一面，鼓励锦旗若干面。当地村民坚信，凡获得冠军的芦笙队，来年村寨就会兴旺发达，万事吉利。因此，每当举行赛事活动时，方圆二、三十里的侗族村寨都组队前来参赛，每次参赛队都不少于四、五十个。

大塘芦笙节祭祀（王世贤/摄）

比赛在一个宽阔平坦的大坝子进行，坝子中央竖一根旗杆，旗杆上挂着奖旗，旗杆下面是赛事主持寨放置芦笙和研究赛事活动的场地，赛场周围用木棒制作若干个三脚架供来参赛的芦笙队放置芦笙。

比赛当天上午10时左右，主持寨的男女老幼全部到村里鼓楼、寨祠堂前集中，由管社祠堂的主人打开祠堂门，并焚香烧纸，给众人喝点茶水，发给每人一小枝千年矮树叶和一些稻草放进各自的衣袋中。然后由鬼师念诵吉利经文，接着青年罗汉吹奏三首芦笙曲，鸣放三响铁炮，队伍即开始向赛场行进。出发时，由社祠管护人扛着一把纸伞，伞柄吊着一个装茶水的葫芦，代表“萨岁”领队走在最前面，跟随后面的队伍顺序是：护卫“萨岁”的鬼师，手持三根巴芒草左右甩打。寨上的男性老人头带清朝羽毛帽，身穿长袍马褂；头上包着头帕，身穿侗布衣，扛着大芦笙的罗汉队。接着是姑娘队，由寨上本宗族的姑娘为领队，每个姑娘手持黑布雨伞，伞柄系着白毛巾，头上插着红花，颈带银项圈，耳带玛瑙耳环，手带银镯，上身穿绣花衣，腰间系红绿色彩带，下身着裙，脚穿花边布凉鞋。最后是男女老幼都有的“杂牌军”，他们敲锣打鼓，边走边吹木叶，打着口哨，高声叫喊助威。整个队伍浩浩荡荡，威武雄壮。

出发前，先是平王寨的“萨岁”带领该寨的队伍到中寨约见中寨的“萨岁”。约见前，先到中寨的祠堂前集中，与中寨的队伍共同喝中寨“萨岁”的茶水，饮茶后，吹奏三首芦笙曲，然后中寨的队伍在前，平王寨的队伍随后一起步入赛场。据说，由于平王寨是后建社祠，接得来的是小“萨岁”，所以其社祠只开一扇门；而中寨是先建社祠，接得的是大“萨岁”，祠堂是开两扇门。所以，作为小“萨岁”的平王寨，入场前必须先去约见中寨的大“萨岁”一同进场。赛前还规定，主持寨（即中寨和平王寨）的队伍未入场时，任何客队的队伍都不允许入场，否则将受处罚。

主队入场时，鞭炮齐鸣，震耳欲聋。队伍入场后，围成一个大圆圈。由鬼师在圈外转一圈，边走边念咒语，意在祈求神灵保佑赛事安全。接着，两寨的芦笙队合奏三首芦笙曲，鸣放铁炮三响，算是主持队入场仪式结束。然后，两寨的芦笙队就分别到场外迎接前来参赛的客队。每支客队入场时，也先在场边吹奏三首曲，鸣放三响铁炮。而主队也以同样的方式相迎。客队入场完毕，几十支芦笙队的芦笙同时奏响，其场面之大，令人惊叹，发出的声响，震撼山谷，惊天动地，传到十数里之外。

洛香芦笙节（谌洪光/摄）

下午2时左右，主持人宣布暂停。由主持寨的若干名罗汉吹着芦笙去邀请本寨的姑娘出场，姑娘们每人肩挑一对装着甜酒糟的水桶步入赛场集中，然后由两寨各抽一名罗汉吹着芦笙引着两个姑娘挑甜酒糟送给各个芦笙队的队员饮用解渴，以表达主持寨的热情。各芦笙队将甜酒糟喝完后，就集体凑钱买糖果放进水桶，并吹芦笙，放鞭炮，将桶还给姑娘，以示对姑娘的答谢。

各芦笙队喝完甜酒糟，比赛正式开始。由主持人将参赛的所有芦笙队每两个为一比赛组编排成若干个组，按前后顺序进行比赛，每队吹奏六首曲，前后三首互换场地。裁判在离赛场较远的地方听每一组中两个队吹的声音，哪一队的声音洪亮，悦耳动听，即是胜者。反之，就被淘汰。被淘汰的队，当场授予一面鼓励锦旗。胜的一方又进行第二次复赛，依次进行，直到决出冠、亚军为止，获得冠军队的当场购买鞭炮鸣放以示庆贺。获冠亚军的芦笙队，如果是远方来的，他们在回家途中路过村寨也放鞭炮，表示他们凯旋。

洛香八月十五芦笙节，由于参赛芦笙队较多，比赛一般要进行到天黑才结束。当芦笙队离赛场回村时，仪式也和入场一样，同样要吹三首曲，鸣放三响铁炮才能退场。远方来的芦笙队，如果天黑回不到家的，当地村寨就挽留他们住下作客吃相思。

（2）岜沙芦笙节 每年农历十一月十九日举行的芦笙节是岜沙节日中最热闹的一个。该节举办地点是在老寨后山的芦笙场，当地又称之为“跳坡”。

祭拜东方坡（张丹/摄）

芦笙比赛（张成武/摄）

节日的前夕，整个岜沙已沉浸在节日的气氛中。十八日这天，全寨男女实行节前分工，男人组织杀牛、分肉到户、妇女洗刷炊具，为节日准备菜肴。十九日上午，全寨男女老幼身穿民族盛装，按照祖传的规矩，各寨组成20~30人的芦笙队伍。首先是祭拜东方坡，即当太阳出来的时候，各队在寨老的带领下按规定的路线来到“跳坡”山脚，列队面向太阳升起的方向，然后用倒退行走的方式缓缓从山下往山上移动。在行走时必须保持面向太阳不得扭头转身，否则是不诚心的表现，将得不到祖先的保佑。退到山顶，由一支持鸟枪的队伍对空鸣放九响或十三响，以示这种仪式结束，才能进入芦笙场参加比赛。先后，各表演队均顺序进入芦笙场。

这天，岜沙的苗族姑娘都身穿盛装，手撑雨伞，肩挑盛满糯米酒的木桶，翩翩来到芦笙坪给陆续到达的各队芦笙手和客人敬糯米酒。各芦笙队到齐后，即由寨老主持进行吹芦笙比赛。比赛有两种内容，一是吹芦笙比赛，即听各队吹得响亮整齐，悦耳动听；二是边吹芦笙边跳舞。男青年舞姿粗犷豪放，女青年舞步婆娑优美。同时，全村还要挑选10个枪手“全副武装”，随芦笙队伍行进并在演奏表演时鸣枪相和。芦笙声、枪声和人们的欢呼声交织在一起，响彻林间，久久回荡。

鸣枪相和（梁全康/摄）

❷ 吃新节

吃新节是从江农村除春节以外的最大的节日。境内侗族、苗族、壮族、瑶族等均有过吃新节的习俗，但各地各民族过节的时间不统一，过节的长短也不一样，有过一天的，有过两天或三天的，甚至有过四天的。

（1）侗族吃新节　据流传在侗族地区的说法，侗族吃新节始于明末清初，吃新节含预祝丰收之意。侗族地区，贯洞的吃新节是每年农历七月初二，龙图为七月初十，高增一带是七月十三、十四两天，也有部分村寨在七、八月内逢“甲戌”过节。节日里，人们从田里摘取少量尚未成熟的稻禾或放入米中煮熟或舂成“扁米”，以示吃上了新米。

过节前夕，高增一带家家都要将炊具挑到河溪里洗刷干净。节日凌晨祭祖，吃宵夜饭。每人对着油灯先吃粽子和一串嫩禾，再吃饭。这餐饭全部吃鱼，且不能请客人同桌进餐，这天烧饭的柴只能是枫树柴。在巨洞，吃新节要过四天。时间为每年农历七月十一至十五。第一天请客，即向客人预邀来本寨过“吃新节”。请客是节日的一次外交活动，为了显示自己家好客、大方，亲戚朋友多，涉交广，也为了下次到别的村寨过节时，多被别人邀请。七月初十，家家户户均派家里男人（也可

侗族吃新节

派男孩为代表）穿着新衣，到邻村亲戚朋友家里去“逗客”（侗语即请客）。客方早已宰杀好鸭子来迎接，来请的人越多，自家越有面子。席间还要越醉越好，说明你请的客多。第二天吃鸭，主要是下午自家宰杀鸭子作晚宴，每家必杀一只以上，人口较多之家，杀两至三只以上。第三天吃鱼，即早上，各家各户提着鱼笼，全家人高高兴兴来到田里“开田”（即放水捉鱼）。晚餐鱼宴丰富多彩，有烧鱼，有“鱼生”，还有酸汤鱼。第四天才是真正的过节，杀牛请客。清早牵着早已购买好的肥牯牛来到河边宰杀，杀牛场面非常热闹壮观。每年吃新节，全村杀牛达二、三十头，客人多的人家进餐时达数十人，有的与亲友共同待客，摆的长桌达十数米，百余人共同进餐，场面十分壮观。节日期间，还唱侗戏、赛芦笙、斗牛、荡秋千等。

（2）苗族吃新节 苗语称为“努牙些”，即为品尝新米饭，为预祝丰收之意。节日时间亦不统一,一般从农历六月初至七月中旬择日过节。节日为期三天，杀猪宰牛祭祀祖先，招待亲友，祭祀活动颇为庄重肃穆。这一天，每家每户都要杀鸡宰鸭，开田捕鱼，蒸糯米饭（将三穗禾谷蒸在饭上）。到了一定时辰（一般是中午），各家各户都从家里把一张小桌搬到寨中的坪子上放好。桌上摆着田中摘来的三穗禾谷，还有煮熟了的鸡鸭、鱼肉，以及糯米饭、泡酒等供品，用来敬供祖宗。各家各户摆好供品后，就燃放鞭炮，或燃放火药枪，或燃放铁炮，村民欢呼，以示庆贺。敬祖宗时，要把少许食品撒在地上，表示祖宗已吃了。

（3）壮族吃新节 日期不定，当稻谷将熟，选农历七八月间卯日晴好天气，各户到田间摘回少量禾穗，炒熟舂成扁米，大家尝新，壮语谓之“肇候”。并用当天捉来的鱼整条煎熟，将鱼头相对摆放于碟中，再弄些肉放在室内走廊里敬供“奶王”。壮族传说远古“奶王”管五谷，故后人秋收前必敬供“奶王”以保丰收。

（4）瑶族吃新节 一般在每年的农历六月初六。这一天各家各户选择最早成熟的粮食作物，做成熟食品，先给狗吃，再祭祖先。相传稻谷进入瑶山时，主要得益于狗的功劳，在敬狗的同时，家家都要备上好酒好菜，进行祭祀。祭礼分为“荤祭”与“素祭”，荤祭的祭品是猪、鸡、鱼内，谓之“三性”。素祭祭品地黄花、木耳、豆腐，谓之“三素”。吃新节这天中饭餐全家者要开怀畅饮，并且家家都有东瓜这道菜。瑶家过年吃萝卜，过半年吃东瓜的习俗已沿袭多年，至今没变。

（三）雅俗共赏的民族歌舞

侗族民歌舞蹈都具有深刻的审美意蕴，他们被称作“生活在歌海中的民族”、“生活在舞蹈中的民族”、“生活在节日中的民族”。侗族民歌是侗族社会、历史的形象再现，也是侗族审美意识的结晶。侗族民歌丰富多彩，以内容分，有神话歌、迁徙歌、起义歌、劳动歌、爱情歌、礼俗歌、开路歌、敬酒歌等；以演唱规模分有小歌、双歌、大歌；按篇幅长短、有无故事情节可分为抒情歌和叙事歌，等等。侗族的民歌常与舞蹈紧密相连。如前所述，“多耶”便是侗族最典型的集体歌舞，“多耶”由一人领唱，众人应和，手牵手围成圆圈，边唱边舞。

❶ 清泉般闪光的音乐——侗族大歌

侗族音乐温婉、优美，展现了溪流涧谷的迂曲，浸透着一种如水的岁月忧伤。它之所以具有这样的特点，很大程度上是因为侗族音乐受溪涧泽畔的自然声音的启示而创造的，注重和谐、流畅、自然、抒情的品质，尤其是多声部无伴奏的侗族大歌，和谐是它的最高美学境界。侗家人从水而领悟生命，从水而思索人生，并把这种体会融入到他们的音乐之中。

多声复调的侗族大歌可谓是世界民间音乐之珍奇，已于2009年被联合国教科文组织列为世界非物质文化遗产，和谐流畅，配合默契，节奏自然，缓急有序，时如潺潺流水沁人肺腑，令人心旷神怡；时如鸟叫蝉鸣，争相应和，拨动着人们欢快的心曲，把听众带入到如诗如画的大自然中。歌队由一人领唱，众人合唱，娃娃队童声单纯嘹亮，天真活泼；姑娘队的歌声清纯如水，浸透心田；罗汉队的声音深厚如山，似穿透天地万物，给人一种神奇的享受，进而产生莫名的冲动。

侗族大歌源于人类对于简单的鸟鸣或别的天籁的自然的反映，是侗族先民最初对于自然现象的一种领悟。侗族大歌中的曲名，常常以自然界中有响声的自然物或动物来标明，如金蝉歌、知了歌、河水歌、布谷歌等，而且这些歌的基本旋律和衬音都是直接模仿自然界中这些不同的声响而来的。

小黄是极负盛名的“侗歌窝”，素有“歌的故乡，歌的海洋”之称。这里不论男女老少，人人都爱唱古老的多声部侗族大歌。小黄人说：“饭养身，歌养心”。心靠歌来养育、调理，心灵靠歌来塑造，他们把唱歌作为一种精神寄托。在从江县二千九、九洞、六洞等地流传的《侗族古歌》，将歌的起源与人类起源、物种起源并列在一起，使之成为永恒的主题。小黄侗族大歌起源确切年代虽然无考，但从这些传说中可以推测，其历史久远。侗族大歌是小黄先民在长期的生活生产过程中逐渐创作和发展起来的。据二千九款款词介绍，小黄建寨已近600年历史，到小黄侗族大歌进入兴盛期的乾隆中叶，已将近三个世纪，并形成了独有的文化空间。

在小黄，小孩刚学会说话，就开始学唱歌；女孩儿五岁开始穿裙子，也就开始与伙伴一起自由组成歌队，白天学习和劳动，晚上练歌唱歌。在小黄，人人进歌队，不论男女，婚前经过十几年的训练，婚后仍然加入歌队，直到年迈行动不便为止。不少家庭三代人都分别在不同年龄段和不同性别的歌队里，这些歌队在鼓楼里的长凳上都有自己固定的位置。在小黄，处处有歌，事事用歌。喜庆节日以歌相贺；男女相恋，以歌为媒；每逢节日庆典，人们身着节日盛装，相聚在鼓楼对歌，用歌传情，用歌讴颂盛世丰年；当夜幕降临，侗家姑娘、小伙三三两两相邀到村口、溪边，一边弹琵琶，一边和着优美的情歌，歌声穿过夜空，划破宁静的山乡，像在叙说一个古老而优美的爱情故事。唱到动情时，一些痴情情侣相拥依偎，互送秋波，情意绵绵，轻声吟唱，倾诉衷肠。

传歌（张琪/摄）

以歌相贺（张成文/摄）

以歌为媒（张成武/摄）

鼓楼对歌（张成文/摄）

❷ 流传千年的踏歌而舞——“多耶”

前已介绍，“多耶”是侗族地区一种十分流行的大型交谊舞，过去主要在祭祀“萨岁”等重大节日和“吃相思”时举行。因为“多耶”人数不限，男女共舞，气氛热烈，老幼皆宜，现在各种庆典、节日、迎宾、拜年等社交活动中都普遍举行，已成为一种相对独立的民间歌舞形式。

在正式“多耶”前，一般都要进行较大规模的芦笙演奏和芦笙舞表演，以烘托气氛。当气氛达到高潮时，主持的歌师便大声喊道“号拉哇——耶罗耶”，于是，表演的男女便以手搭肩或手牵手，以芦笙队为中心围成圆圈，如果人多可围成两层甚至多层圆圈，附和歌师的领唱，在芦笙的伴奏下边唱边舞。

“多耶”步法和唱腔均较为简单。围圈时多以男女间隔着手牵手，如果是连着几个同性，则被认为是没有情缘。因此，男女间多找自己心仪的人连在一起，以求得共鸣和谐，或主动邀请来宾并牵起对方的手以示热情和友好。起跳后，手拉手的男女前后摆手，踩着芦笙和歌师演唱的点子围着中心的芦笙队转圆圈。转圈时，如果是单层的，一般转得一周后就又逆方向转一周，如此循环反复。如果队伍是两层以上的圆圈，转动时后第二层转动的方向与前一层相反，以增加美感。如果围圈的男女是以手搭肩的，则采用四步提腿的舞姿，左脚起步向右走三步，第四步时将右脚向前提起，如此反复转圈。唱词内容多由歌师视情况即时编唱，但也有如迎宾、送客等内容有相对固定的唱词。歌师每唱完一句唱词末尾都以“耶罗耶，耶罗耶罗耶”结束，舞蹈的男女则以稍快的节奏重复“耶罗耶”句。

“多耶”还是长辈借以教育晚辈的文艺形式。歌师多由年长者担任，主唱的内容有叙述民族迁徙艰辛的古歌，有指导年轻人从事农活的时令歌，有教育晚辈尊重长辈的父母歌，有赞美和祝福未来的祝愿歌。

“多耶”（张成武/摄）

（四）如诗如画的农业景观

农业景观之美主要表现在三个方面，一是农业本身所呈现农业生态景观，二是农业生产景观，三是农业生活景观。

1 农业生态景观

农业生态景观不仅包括农作物本身，也包括与农作物共生的其他物种，同样还包括农作物所处的自然环境和土地利用方式。农作物景观所呈现的美不是单纯的自然美，而是人工与自然的综合美。农作物景观虽然主体部分也是自然景象，但和自然山水不同，农作物景观不是纯粹的审美对象。农作物景观本身含有的人工创造性，决定了农业景观的构成与自然景观的构成有着本质的不同。

农作物所处的自然环境同样也是农业生态景观不可或缺的构成部分。农业景观的构成与其所处的自然环境有着天然的联系，是一个天然的整体。这与农业本身的性质有关，农业本身的性质决定了农业景观审美构成的客观性。天气因素、欣赏位置、季节转换等自然环境因素，都可能影响到农业景观的欣赏效果。

从江最美的农业生态景观当属位于加榜乡东北面的加榜梯田，梯田总面积近1万亩。由于山势陡峭海拔高差大，坐落在梯田间的山村吊脚楼与梯田常年笼罩在缭绕的云雾中，犹如“人间仙境，世外桃源”。

相传4 000多年前，加榜人的先祖王故拆、王故西两兄弟，带领族人从黔东南州境内的丹寨排调出发，几经波折，他们来到这个名叫党机的山坡（现在的加车）的地方定居，并率领全族人挖山造田，开始了他们“稻饭鱼羹”的美好生活。在漫长的历史长河中，苗族的先辈们通过一代又一代的努力，他们用自己的勤劳和智慧把一座座山峰休整成了一片片雄伟壮观的梯田。

梯田美景，四季如画。春天的梯田，闪现出银白色的光芒，更凸显出梯田的婀娜曲折的轮廓；夏天的梯田，到处是一片青葱稻浪，如一条条绿色彩带迎风飘扬；金秋十月的加榜梯田，由于海拔高低不同，同处于一座山坡的梯田，黄色由浅变深，形态各异，共同组成了一幅幅精美的图画；冬季，注水的梯田中夹杂着

加榜梯田·春（张成武/摄）

加榜梯田·夏（张成文/摄）

一些收割禾穗后的金色糯禾稻草和一些绿色的绿肥地，连同散落于田间宁静的苗家吊脚楼，构成了一幅幅美丽的中国山水画。

加榜梯田·秋（石刚/摄）

加榜梯田·冬（杨通荣/摄）

② 农业生产景观

农业生产构成的景观主要包含三部分：一是劳动对象，即从事具体的农业劳作；二是劳动主体，即农民；三是劳动工具，即农业劳作的辅助工具。劳动对象，显而易见，是一种物质资料生产方式，一种动态的农业生产景观。从事劳动就意味人处于一种运动状态，不存在静止的劳动。具体的农业劳作，不同劳动主体类型又形成不同的审美特征。一般由男子承担的农业劳作大多体现力量的崇高，崇高反映男子阳刚的一面，显示出男性力量的伟大；而女性大多从事的是一些轻巧、精细的农业劳作，体现耐心和优美。

劳动工具也是农业景观的重要构成。农业工具是人工制造的，是人类智慧的体现，在审美构成上有鲜明的人文性。农业生产景观的构成离不开劳动工具，因为劳动本身需要劳动工具。劳动工具是劳动主体集体劳动意识的积淀，其本身就具有一定的美学价值。畜力是古代农业劳作的重要工具，现代我国广大农村仍然很普遍，是农业劳作景观构成的重要组成部分。

从江稻–鱼–鸭系统所体现的农业生产景观，主要体现在水稻种植、稻田养鱼以及稻田放鸭等相关劳动场景。

齐心协力·耕田（梁全康/摄）

农耕犁田（莫晓树/摄）

移秧（张成文/摄）

担秧苗（张成文/摄）

插秧苗（张成文/摄）

挑鱼苗（张成文/摄）

捕鱼种分田放养（梁全康/摄）

稻田养鸭（张成文/摄）

开田捉鱼（杨通荣/摄）

秋收摘禾（杨通荣/摄）

结伴归来（张成文/摄）

禾谷上架（梁全康/摄）

❸ 农业生活场景

农业生活所构成的景观，可以分为动态景观和静态景观。静态景观主要是指农业区域的建筑，而动态景观则主要是指农民的生活场景。

侗乡村寨中的侗族民居、风雨桥、鼓楼、戏台、禾仓、禾晾等，是静态景观中最为显眼的农业景观，它们有相对的稳定性，蕴涵了侗族传统文化的历史积淀。这些形态各异的建筑艺术珍品，散布于侗家山寨，相互映衬，构成一组完美的建筑艺术体系，镶嵌在侗乡的青山绿水之中。

如前所述，侗族风雨桥一般用大青石作

鼓楼与风雨桥（县志办/提供）

桥墩，桥身为杉木结构，由桥梁、桥廊、桥亭组成。桥台上为长廊，长廊中绘有以神话传说、历史故事、奇花异草为题材的五彩绘画，既增加了桥的美感，又增加了桥的艺术价值。风雨桥具有多种功能，如交通、休息、聚会、谈心、社交、纳凉、娱乐、观景、交易、迎送、庆典、祭祀、审美、标志等。鼓楼是侗族族性的象征，也是村寨的标志。它以其挺拔的身姿，轻灵的飞檐，严整的结构，精美的雕饰，展示了侗族建筑艺术的特有风格。侗族人的农业生活场景，是动态的景观，是侗族传统文化的动态展现。

丰收的侗乡（杨通荣/摄）

清泉浴发（梁全康/摄）

农家生活（李元飞/摄）

守护（张成文/摄）

田间休息（杨通荣/摄）

六

面向未来的发展之路

（一）危机——来自社会与自然的威胁

稻–鱼–鸭系统是侗族劳动人民千百年来根据自然环境条件和生活的需要，凭借自己的智慧形成的传统生产方式，并在此基础上形成的一种生态农业模式，蕴含着丰富的生态智慧，传统知识和民族文化。然而，随着人口增长、经济发展和现代农业的推广，该系统也出现传统地方品种被杂交水稻品种所代替、稻–鱼–鸭系统的面积下降等变化，这是由于自然与社会多方面因素所造成的。用材林营造过多，阔叶林面积减少，水土涵养不足，造成灌溉水源的短缺。由于缺乏相应的水库进行调节，暴雨多发季节则洪涝较多，大旱季节稻田则会缺水，甚至干枯。但这影响有限，引起稻–鱼–鸭系统生存危机的还主要是人为因素。

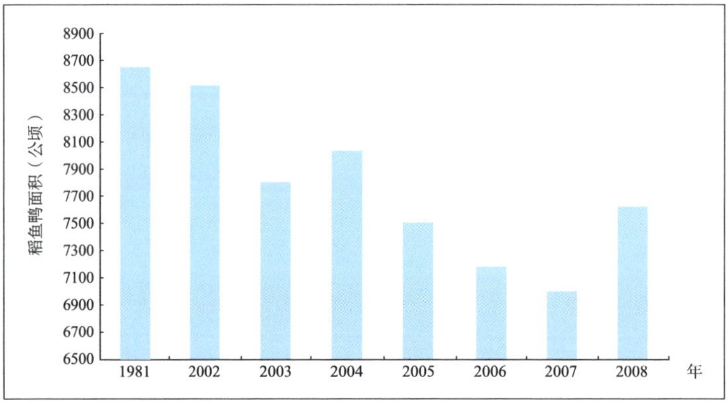

从江县1981年、2002–2008年稻–鱼–鸭系统面积变化

（1）气候变化的影响　例如，近10年来，侗乡的降水量持续减少，导致能够保证灌溉的稻田面积也随之以非常缓慢的速度减少。10多年以前，也有些稻田缺水不能种植，最多丢荒一两个，现在有不少的稻田已经不能复耕。比如增冲，因缺水不能耕种的稻田，已经长出了大树。

（2）历史上“糯改籼”、“籼改杂”等行政干预和政策导向　20世纪60年代的“糯改籼”以及70年代中期矮秆水稻的推广，导致了许多传统的糯稻品种大量流失，糯稻种植面积不断萎缩。仅仅通过一两代人的籼稻种植，人们已经习惯吃籼稻了，吃糯饭反而感到不适应，这在年轻人中表现最为突出。例如，侗乡办喜事时都要备办糯饭和籼饭，用餐时老人争着食糯饭，而年轻人则抢着食籼米饭。年轻一代这一饮食习惯的改变，已成为侗乡老人们想扩大糯禾种植面积的阻力。

籼稻和杂交稻的种植不利于鱼和鸭的生长，一方面是因为籼稻和杂交稻的稻秆儿较矮，不利于田间蓄水。蓄水少就意味着田鱼的生存空间减少，不利于田鱼的生长。与此同时，田间水变浅，鸭的饵料就变少，鸭损害鱼的可能性就会增加，且由于稻穗出水变低，鸭群也可能伤害稻穗；另一方面是因为籼稻和杂交稻的高产需要配套的化肥、农药高投入等措施，进一步对鱼和鸭产生毒害作用。

（3）劳动力缺失　据调查，籼稻的产量几乎是糯稻的1~1.5倍，而糯稻所付出的工时和劳力却是籼稻的2倍。同时，稻–鱼–鸭系统耕种过程劳动强度大，管理复杂。由于要经常地去田间照看水源及田鱼，放鸭和除草，稻–鱼–鸭系统从播种到秋收几乎离不开人。年轻人都愿意出去打工，不愿在家种田，尤其费工耗力的稻–鱼–鸭系统更难吸引年轻人参与。

（4）市场发育不健全　传统的稻–鱼–鸭系统的产品生产规模小、品种多、规格不齐、市场化和深加工程度低，加上当地农民在市场经济中长期被边缘化，农民生产的高品质产品很难进入和拓展市场，难以取得应有的高价值回报。

（5）传统文化与现代文化的冲突　任何传统农耕方式都不是以单纯技术形式存在的，而是依存于一个文化整体，包括服饰、民俗、信仰、制度。保护传统农业离不开传统文化的传承，侗族的传统文化是稻–鱼–鸭系统的重要组成部分，包括稻–鱼–鸭共生技术、糯稻的保种与收获、鱼苗的繁殖、人工营林传统及杉木林粮间作的相关知识以及侗族的服饰文化、饮食文化、建筑文化、医药文化、宗教信仰、文化习俗等。然而现代文化对传统文化的不断冲击，很多年轻人对传统文化的认知和传承受到了影响，加上掌握传统选种、育种和耕作知识、熟知传统生活习俗、宗教信仰、礼仪的老人相继离世，传统文化也面临威胁。

（二）机遇——从“原始落后”到农业文化遗产

长期以来，为了满足人口增长对食物的需求，农业生产不得不以追求高产为目标，各地区先后实行了高产品种大面积种植和与其配套的化肥、农药高投入等高产措施。然而，高投入、高产出的现代生产模式，在保障粮食数量安全的同时，也带来了土壤退化、环境污染、病虫害天敌大量减少、农业生物多样性减少等一系列生态环境安全问题和产品质量安全问题，农业可持续发展能力显著下降。为了解决这一系列的问题，人们开始对传统农业开始反思和重新审视。

农业文化遗产是指在历史上形成的、系统流传下来、至今，依然具有重要的生产、生态和文化功能的农业生产系统，是传统农业的精华，也是一定地域内不同文化的民族群体在对他们所处的自然环境、动植物资源和生态系统的深刻认识下，所形成的独特的农业生产方式，包含着经过世世代代的实践检验的知识、技巧和经验。2002年，联合国粮农组织（FAO）发起了“全球重要农业文化遗产（GIAHS）”保护项目，旨在对全球重要的、受到威胁的传统农业进行保护。

从江各民族在长期与自然适应的过程中，积累了丰富的经验，创造和形成了丰富的民族文化，其风格浓郁、独特，古朴神秘，稻–鱼–鸭复合系统正是在这种自然和人文地理环境下孕育而成并繁衍至今的。它珍贵的价值已为世人关注，2011年联

GIAHS牌子照片（扶贫局/提供）

NIAHS牌子照片（扶贫局/提供）

合国粮农组织将其列入全球重要农业文化遗产保护项目。2013年农业部将其列为第一批中国重要农业文化遗产，农业文化遗产的提出，使濒临绝境的稻-鱼-鸭系统出现转机，稻-鱼-鸭系统的多重价值逐步得到了认可。

稻-鱼-鸭系统属于独特的复合农业生产模式，这种农耕方式在“九山半水半分田”的侗家，既可有效节省土地，实现天然的立体农业生产模式，有效缓解人地矛盾，又可一田多用，在相同的土地面积上既提供水稻产品又提供鱼类和鸭类产品。稻-鱼-鸭系统不仅具有调节土壤肥力和自我抵抗有害生物入侵的能力，又具有蓄洪和储养水源的双重功效，可以减轻自然灾害，阻碍病虫害的传播，减少化肥农药污染，又能促进食品安全，为当地人民提供很高的经济和社会价值。同时，稻田和森林的异质性构成了独特的农业景观，稻作梯田壮美的景观也具有很高的美学价值。此外，世代居住在这里的苗、侗、壮、瑶等民族还在此基础上还形成了奇特、古朴、原生、神秘的生育文化、饮食文化、服饰文化、建筑文化、民风民俗，这些秀丽的田原风光和奇特多样的文化现象也是侗乡独特而丰富的旅游资源。

（三）重构——文化传承与可持续发展途径

❶ 开展相关科学研究

开展全面系统的研究，为侗族地区稻-鱼-鸭系统的保护和发展提供有力的科技支撑。研究包括农业生物多样性现状调查、农业多功能性评估、旅游开发潜力评估、传统资源管理方式的历史变迁及其驱动因素，传统文化与稻-鱼-鸭系统的相互作用关系，农业文化遗产保护的多方参与机制和途径等。同时，在此基础上，深入研究稻-鱼-鸭系统的多重价值，并积极探索文化传承以及可持续发展途径，推广既可以提高经济价值，又可以保护稻-鱼-鸭系统的管理措施。

❷ 开展农业文化遗产资源普查与整理

农业文化遗产资源普查是农业文化遗产保护和传承的基础，也是农业文化遗产开发利用的本底。对于掌握侗乡农业文化遗产蕴藏状况，了解民俗民情，在科学认定的基础上采取相应措施，使其在社会上得到确认、尊重、保护和弘扬，具有十分重要的现实意义。普查中所获得的资料和数据，是国家和地区主管部门制定相关政策的重要依据。通过对稻-鱼-鸭系统及其相关组成内容，包括农业物种、农业景观、传统技术、民风民俗等进行普查，形成完善的数据库，梳理出农业文化资源的历史及其变迁、沿革脉络，为进一步的保护与振兴打下基础。开展农业文化遗产田野调查时，采取有形文物征集和无形文化记录相结合的调查方式，即对有形文物开展征集，对与实物相关的传统工艺技术的生产加工流程、民俗、歌舞等无形文化则采取了记录、录像、拍摄。

❸ 增加文化自信，自觉传承文化

农业文化遗产保护是一项全民性的工作，在以政府为主制定相关保护政策的同时，也要提高民众对本民族文化的认同感，提高遗产保护意识。通过宣传教育活动，增加侗乡人的文化自信和文化自觉。要让他们了解并认识到传统工艺和技术，不仅是他们本民族的遗产，而且是全人类的遗产，是本民族特有和宝贵的文化财富，要倍加爱惜。要让他们认识到：越是民族的，才越是世界的。只有认识到民族文化遗产是本民族宝贵的文化遗产，才能转化为自觉的行动。在全社会形成自觉保护农业文化遗产的意识，逐步实现保护与发展的科学化、规范化。

4 探索替代产业，带动经济增长

农业文化遗产是一种活态的传统农业生产模式，它的传承主体是农民，保护好农业文化遗产的关键是在于调动农民的积极性，而调动农民的积极性的重要条件是利用好农业文化遗产，让农民在保护中得到实实在在的利益。所以，保护好农业文化遗产是可持续发展的前提条件，而充分利用好农业文化遗产则是促进农民增收、保护农民农业生产的积极性的重要举措。在保护的前提下去开发利用，在开发利用中又反过来来推动保护。从江稻-鱼-鸭系统不仅历史悠久，而且具有普遍性和浓郁的地方民族特色，这项农业文化遗产的保护价值和开发潜力十分巨大。如何有效保护和合理开发从江的稻-鱼-鸭系统，充分实现其社会经济价值，以促进其可持续发展呢？

首先，以稻-鱼-鸭系统为核心，建立生态农业产业链。利用生态农业和重要农业文化遗产品牌，开发认证系列生态产品以提高当地居民的收入，并促进稻作景观的保护。发掘或研究水稻的品种，进行生态大米、生态蔬菜、生态鱼等产品的认证，提高稻田产品的产量与质量；加强传统水稻、鱼、鸭以及其他产品的市场营销力度，最大限度地限制农户将水稻田改作其他农业用途；单一产品的开发往往不利于抵御市场风险，因此稻-鱼-鸭系统的保护性开发涉及特色稻种和水产等多种产品，每一种都可根据市场需求，实行综合利用和深度开发（深加工）相结合。

其次，发展休闲农业和乡村旅游。休闲农业和乡村旅游是新兴旅游产业，是农业多功能性的具体体现，是把农业与旅游业结合在一起，利用农业景观和农村空间吸引游客前来观赏、游览、品尝、休闲、体验、购物的一种新型农业经营形态，即以农、林、牧、副、渔等广泛的农业资源为基础开发旅游产品，并为游客提供特色服务的旅游业。伴随农业的产业化发展，人们发现农业不仅具有生产性功能，还具有改善生态环境质量，为人们提供观光、休闲、度假等多种功能。随着收入的增加，闲暇时间的增多，生活节奏的加快以及竞争的日益激烈，人们渴望多样化的旅游，尤其希望能在典型的农村环境中放松自己。于是，农业与旅游业边缘交叉的新型产业——休闲农业和乡村旅游就应运而生了。

传统稻田养鱼、鸭的比较效益较低，但凭借独特的自然景观和民族文化、相对优越的生态环境条件，将自然生态旅游、民族文化旅游和农业文化遗产旅游有机结合起来，必将成为该地经济发展的新的增长点。侗族地区有丰富的旅游资源，近年来，在民族文化旅游开发过程中，已形成了具有一定知名度的民族风情旅游点和旅游线。但旅游开发价值极高的少数民族原生态农业文化景观，仍有很大的发展潜力。从江富有民族特色的稻-鱼-鸭生态农业系统，是一项宝贵的旅游资源，这方面的开发潜力很大。通过旅游开发，稻-鱼-鸭系统这一重要农业文化遗产会得以保护、传承下去，而且还将有助于达到农业生态和社会经济效益的有机统一，实现传统保护和可持续发展的双赢。

再次，发展有特色的传统文化产业。从江拥有丰富的民族民间文化，这些都可以作为旅游文化资源加以开发。像纺织、靛染、造纸、酿酒等传统工艺的加工制作，游客不仅可以参观，而且可以参与加工制作，并将自己制作的制品买走。传统工艺与民俗互动项目不仅可以丰富旅游文化内容，而且可以给当地寨民增加经济收入。通过旅游开发这种模式，不仅可以使本民族的文化得以保护和传承，而且可以恢复已经消失的传统工艺资源，进而发展有特色的传统文化产业带动当地经济增长。在开发旅游文化资源的过程中，将少数民族文化与自然风光相结合，将历史与自然相结合，突出少数民族原生态文化，吸引游客的关注。在开发传统文化资源的过程中还可以保存和培养了一批艺人，使得传统工艺得到了继承、延续。传统文化产业的开发，也有利于保护民族传统文化。

附录

附录1 旅游资讯

（一）旅游景点

枪手部落——岜沙

岜沙苗寨位于从江县丙妹镇西面，距从江县城7.5公里。岜沙是世界上最崇拜树木并以树为神的枪手部落。岜沙人自称是蚩尤第三个儿子的后裔，因为战乱，跋山涉水，历尽艰辛，来到月亮山麓这个林深草茂的地方居住下来。岜沙人自今保持着一、两千年前古老的生产生活方式，着装依旧保持着强烈的原始色彩。岜沙男子身穿左衽右开圆铜扣黑色高腰衣，黑色直筒大裤脚，头部四周剃光，头顶挽着发髻，身背腰刀，手牵猎狗，肩扛火枪，一身古代武士装束。妇女服饰简约，身着黑色对襟衣，百褶短裙，刺绣色彩鲜明，堪称苗族文化的“活化石”。更为神奇的还有岜沙的镰刀剃头仪式、鸣枪迎宾仪式、树葬习俗，以及对树木的多元崇拜等。2003年，岜沙苗寨被上海《旅游时报》列入“中国单身者十大旅游圣地”；2006年年底，被全国工农业旅游示范点评定委员会评定为“全国农业旅游示范点”；2010年10月，被中国生态文化协会评定为“全国生态文化村”；2014年3月，入选第六批全国历史文化名村。

大歌侗寨——小黄

小黄侗寨位于从江县城东北面，距县城27公里。小黄是国家文化部首批命名的“中国民间艺术之乡”，贵州省文化厅命名的“侗歌之乡”。小黄侗寨是一个神奇而富有诗意的地方，一条小溪穿寨缓缓而过，四周青山环抱，几百栋吊脚木楼依山傍水，山中有水，水中有山，山水交融，似一幅恬静的田园风光图。这里汇集了侗族风情的精华，鼓楼、风雨桥、禾晾、吹芦笙、唱侗歌……尤其是侗族大歌享誉国内外，被誉为“清泉闪光之音乐”，是世界非物质文化遗产。

小黄素有“歌的故乡，歌的海洋”之称，不论是男女老少，人人都爱唱古老的多声部侗族大歌。村里现有歌队20多支，队员1 000多人，不仅有姑娘队、罗汉（男青年）队，还有少儿和老年队。他们以唱歌为乐，以唱歌为荣。小黄人常说一句话：“饭养身，歌养心”。

在小黄，处处有歌，事事用歌。喜庆节日，以歌相贺；男女相恋，以歌为媒；生产生活，以歌传言。每逢节日庆典，人们身着节日盛装，相聚在鼓楼对歌，用歌传情，用歌讴颂盛世丰年；当夜事降临，侗家姑娘、小伙三三两两相邀到村口、溪边，一边弹琵琶、一边唱着优美的情歌，歌声穿过夜空，划破宁静的山乡，像在叙说一个古老而优美的爱情故事。

相思侗寨——岜扒

岜扒村位于高增和小黄之间，距高增乡政府驻地9公里。岜扒村青山环绕，绿树成荫。但就在距村外百米的山头上兀立着一块高达几十米的巨大石灰石，呈灰白色，成为岜扒村的重要标志和最佳景观之一。岜扒村民间文化内容丰富多彩，当地侗族仍保留着完好的民族服饰和生活习俗，民族风情浓郁。除有侗族大歌、情歌对唱、激情芦笙舞，还有神奇独特的招龙仪式等。古朴的岜扒自然生态完好，吊脚楼、鼓楼、花桥掩映于丛林，把人的心灵溶入和谐的大自然中。

巧手侗寨——高增

高增侗寨距县城9.6公里，是高增乡政府驻地。高增村建寨有600多年的历史，是古称“二千九”百户最大的侗寨。村寨环境优美，一条清澈的小溪由寨旁缓缓流过，花桥、鼓楼、古榕、吊脚楼相映成趣，风景如画。高增侗寨有4座鼓楼。高的17层重檐，高近30米，较矮的13层，高20余米，相互辉映。鼓楼内雕龙画凤、虬龙盘踞，呼之欲出。精美的三顶寨门、古老厚重的戏台、横跨于溪流上的花桥、鳞次栉比的吊脚楼、身着侗装淳朴而热情的人们、有节奏的捶布声……形成一幅幅充满诗情画意的民族风情画卷，处处显示出其深厚的民俗文化底蕴。

高增素来有“美女之乡”的称呼，高增女人的节日盛装，是侗族中最雍容华贵的服饰，全身的银饰加起来有十余公斤重。高增的大歌很有名，无论是沉重忧郁的创世古歌还是热情奔放的情歌，在这里都可以听到。当地男女青年从相识到相知相爱到结为伉俪，也都离不开“对歌”这一传统。因为总有人要恋爱，所以到了高增，不怕听不见对歌、遇不见“月夜行歌”。

先知侗寨——占里

占里村位于从江县高增乡西面，距321国道9千米，距离从江县城19千米，是侗族聚居村寨。村子四面青山环抱，古树参天，清澈的溪流绕村而过。一栋栋吊脚楼错落有致，一排排禾晾沿溪延伸，形成一道独特的景观。占里最神奇的地方，是其独特的注意人口、资源、环境之间平衡关系的传统生育观念及其控制人口的奇特方式与效果。据考证，自有人口统计资料起，占里的人口始终在700人左右，人口自然增长率为“零”。占里从人地关系出发控制人口，形成朴素的人口与生育理论，其超前的计划生育意识和难解的“换花草”之谜，引起国内外专家、学者的广泛关注，使占里被誉为“中国人口与生育文化第一村”。秋收时节，禾晾是占里一道亮丽的景观。在占里，因为禾晾分布集中、规模宏大，秋收时节，禾晾上挂满了糯谷，叠层层、金灿灿一片，十分壮观，深受摄影爱好者的喜爱，成为当地一种特有的建筑文化景观。

世外桃源——银潭

银潭，距从江县城20.5公里，是一个保持着侗族原生民族服饰文化和传统生产生活方式的典型侗寨，被誉为“人类疲惫心灵栖息的家园”。银潭坐落在一个深邃的山谷中，四面群山环绕，山上林木青翠。站在山上俯瞰银潭，一条清澈的小溪蜿蜒流淌，吊脚木楼鳞次栉比，青色瓦檐排列有序，两座鼓楼遥遥相望。弯弯曲曲的小溪呈多个S形沿着山谷在寨中潺潺流淌，小溪上40多座小桥把两岸的住户连接起来，如同江南水乡。两岸“干栏”式的吊脚楼矗立，一直向山麓延伸，鼓楼耸立其间，使整个村寨错落有致。稻田、池塘、溪流在阳光下泛起一片片银光，银潭因而得名。

村寨四周生长着140余棵一级珍稀濒危保护植物红豆杉。银潭的山美、水美、景色美，林木青翠，风光旖旎，空气清新。银潭的人纯朴、好客，每当客人来到银潭，村民都要举行独特且隆重的迎宾仪式迎接客人。热情好客的侗家人，常以其俗食——糯米饭、腌肉、腌鱼、红肉、牛瘪、羊瘪、烧鱼、鱼生、米酒、米炖菜等来款待客人，席间侗族姑娘常向客人唱歌敬酒，用歌声表达对客人的热情，让客人感受侗族的习俗。

增冲侗寨

增冲侗寨位于从江县往洞镇，距从江县城91千米，距镇政府8千米。增冲建寨已有600多年历史，“增冲”为汉语地名，原称“正通”，有“通扫地方的富足之地”之意。在漫长的历史长河中，增冲村民在自给自足自然经济的影响下，很好地继承、和发展了自成体系的民族文化，代代相传，并不断丰富其内容，成就了一个保存完整的侗族“原生态”文化地。这里的建筑文化、生态文化、农耕文化、服饰文化原汁原味，古朴深厚。

增冲有国家重点文物保护单位增冲鼓楼，还有三座风雨桥。增冲的民居建筑是以山水、田园为依托，以鼓楼为中心，以风雨桥为纽带，并按八卦五行学说的理念向四周布局，真可谓山清水秀，山环水绕，民居鳞次栉比，错落有致，形成特色鲜明的侗寨风光。增冲的石板古巷道历经数百年至今保存完好。增冲古墓群其墓碑门为两扇能开合拆卸的青石门，门内整块青石雕凿镂花碑身罩，碑身门和碑身罩均为镂空花草雕刻图案为全国少见。

增冲现存封火墙房屋24幢，这些房屋大多建于200多年前的乾隆年间，横墙为五岳式，窗为青石透雕花图案及“福寿安康”字样，一字一窗。窗宽约1米见方，系整块石头雕琢而成，封火墙内则是吊脚楼式干栏木结构建筑。增冲寨布局呈八卦形，结构合理，天人合一，三面河水环绕，为半岛形，还有引进的山泉水

在寨中形成的水渠网络，故增冲也被称为“水寨”。增冲人崇拜龙王、雷公、龙脉、怪石、古树、水井、桥梁、祖先、土地神、山神、鲁班神、灶神、圈神等自然崇拜、祖先崇拜、鬼神崇拜和诸多禁忌。现仍保留着以鸡卜择日动土，杨家开秧门，招谢鼓楼等原始习俗。

加榜梯田

加榜梯田位于从江县加榜乡东北面月亮山腹地，距县城80千米。一片连着一片，层层叠叠，形状各异。大大小小的梯田中，散落着独具特色的吊脚楼，清晨，层层云雾缓缓升起，梯田仿佛笼罩着一层薄纱，若隐若现，令人陶醉。无论从线条，还是整体形态来看，加榜梯田都吸取了天下梯田之精华，它比云南元阳梯田更加秀丽，比广西龙胜梯田更加壮观，极具魅力。特别是那居于梯田间的山村、小寨与梯田朝相辉映，并与大自然融为一体，无不体现出人类与大自然的和谐之美，给人一种“人间仙境，世外桃源”的感觉。

（二）从江风韵

侗族大歌节

每年11月28日，从江县都举办侗族大歌节。从江侗族大歌历史悠久，历代众多的歌师传授并形成多种风格，各具特色的侗族大歌曲调和演唱不尽相同形成了侗歌派系，组成从江特有的侗歌一簇。以小黄村为代表的“侗族大歌”派系构成从江多彩多姿的侗歌大舞台。

芦笙节

从江境内的苗族、侗族、壮族、瑶族、水族等少数民族都有吹芦笙的习俗。每年进入农历十月，为了庆贺一年来劳动的成果，人们就把封存半年多的大小芦笙拿出来，放在鼓楼里、祠堂中，供寨中的青年们吹奏。一般吹到次年春分前后，春耕生产开始，芦笙就渐渐被闲置起来，直到秋后。最具代表性和特色的有洛香侗族、岜沙苗族芦笙节。洛香芦笙节一般在逢农历的子、寅、辰、午、申、戌年的中秋节举行。岜沙每年农历十一月十九日举行的芦笙节是岜沙节日中最热闹的一个。该节举办地点是在岜沙老寨后山的芦笙场，当地又称之为“跳坡”。

侗族吃新节

传说，侗族吃新节始于明末清初。吃新节是从江农村除春节的第二大节日，县内各民族均有过吃新节的习俗，过节的时间一至四天。在每年农历七月初二至十五期间，各村民从田里摘取少量尚未成熟的糯禾舂成“扁米”，以示吃上了新米。节日期间，还有唱侗戏、赛芦笙、斗牛、荡秋千等活动。

（三）饮食特产

腌鱼&烧鱼

采用稻-鱼-鸭系统盛产的田鱼制作而成，腌鱼是当地公认的珍味。主要特点有：不仅甜、酸、辣三味俱全，而且色、鲜、嫩、香具备，冷热均可食，吃起来非常可口。烧鱼也是从江苗族侗族最喜爱的一道山野佳肴。用当地各种野生香料制成的配料与烧烤好的鱼搅拌食用，其味清甜可口，别有风味。

牛（羊）瘪

牛（羊）瘪是从江的地方特色小吃，有“不吃牛瘪火锅汤，枉到侗乡走一趟”的说法。牛羊瘪主要是牛羊胃中尚未消化的新鲜野草树叶，可以帮助人们消化食物，医治肠胃疾病，被誉为“百草药”。

从江香猪系列美食

从江香猪是从江人款待贵客的美食。主要的做法有以下几种：（1）烤香猪：烤香猪是从江独特的生态食品。民间用小香猪制作烤小猪，皮色金黄、肉香四溢、松脆无渣、肉味醇香。（2）风干腊香猪：风干腊香猪是从江香猪产业开发研究的系列加工产品，口感好，回味悠长。（3）庖汤：就是用清水煮新鲜香猪肉，即将刚宰杀的香猪肉、猪血等放在一个大锅里加入各种配料，煮成一锅、趁热吃。味道鲜美、清醇甘香，油而不腻，回味无穷。

其他

从江还有黄草粑、油茶、彩色糯饭（乌糯饭、黄糯饭）、侗果等，是当地人日常食用的特色食品，别具风味，倍受乡村旅游客人的青睐。

（四）从江的交通

可以选择航空，飞到贵阳龙洞堡机场，然后坐巴士通过厦蓉高速，历经320千米，约4小时，到达从江；或者飞到广西桂林两江机场，然后坐巴士通过321国道，约290千米，到达从江；除此之外，贵州省内黎平、荔波、凯里三处支线机场均开通了往返广州、贵阳、上海的航线，从这三处机场坐巴士均可抵达。

也可以选择高铁“贵—广”线，在从江站下车，然后通过“从—贯”一级路，历时20分钟到达从江。

高速公路也是一个不错的选择。从江县公路主干线321国道由南到北贯穿全境，从江至榕江县、黎平县、荔波县的县际公路全线贯通，已完善县、乡、村公路网络建设。沪昆高速、厦蓉高速、贵州省内县县联通的公路均能抵达从江。

（五）从江的气候

从江属中亚热带，四季分明，气候宜人，境内森林茂密、山清水秀，森林覆盖率达67%。年平均气温18.4℃，年均降雨量1 193.5毫米，年均日照时数1 282小时，年均无霜期323天。最冷的天气在1月，平均气温7.8℃；最热的天气在7月，平均气温为27.6℃。被誉为“金不换的气候”，远离尘嚣、淡泊宁静的天然氧吧。

（六）购在从江

从江香猪

从江香猪，是我国珍贵的微型地方猪种，仅产于被誉为“中国香猪之乡”的从江县。具有体型矮小，肉质细嫩，基因纯合，纯净无污染等特点，被国家列为二级珍稀保护畜种。从江香猪肌内脂肪和不饱和脂肪酸含量丰富，胆固醇含量低，谷氨酸含量高，食用口感好、风味浓，是制作高档肉食品的优质原料。从江香猪以放牧为主，是人们追求的纯天然无公害绿色食品。已申报了从江香猪原产地证明商标和绿色食品认证。

从江香糯

从江历来以“糯禾之乡”著称，禾类中的香禾是众多禾品种群中的一个系列。从江香禾种植历史悠久，可追溯到明朝初期。从江香禾品质好、营养丰富，其米饭软而黏、油质多、不粘手、喷香可口，食而不腻，享有“一亩稻花十里香，一家蒸饭十里香”的美誉。香禾已入选贵州省名特优粮食作物。

从江椪柑

从江椪柑其味酸甜适中，食后味浓甜，化渣爽口，糖酸比值高，含维生素和胡萝卜素等多种营养成分，可食率高。产品畅销国内20多个省市，部分产品还出口越南、印尼、俄罗斯等国，有专家赞誉“喝茅台就想到贵州，现在谈到椪柑就想到从江”。

朝天辣

朝天辣被誉为“香辣王”，当地农民均以该产品作为主要经济来源和烹饪调味料，火辣辣的生活滋养着许多的百岁老人。朝天辣具有多种维生素，据科学考证人体每天适量摄取，可防癌、美容、减肥等。该产品具有色鲜味美、回味悠长、生津健胃、延年益寿等特点，是居家旅行、馈赠亲友的绿色保健之佳品。

壮族煨酒

从江煨酒，产于月亮山腹地的从江西部的刚边、秀塘、加榜、宰便等乡镇，是壮族土法酿制的传统美酒。因在其酿制过程中，将酒装在坛内置于火炉边煨过，煨酒由此而得名。煨酒甘甜可口，色佳液粘，是佳酒绝酿。

瑶浴药

瑶族健美浴粉系列。瑶族药浴具有防病以及强身健体的作用，还有调节人体微循环系统，改善体质，排毒养颜等功能。2008年，从江县申报的“瑶族医药（药浴疗法）”，入选第二批国家级非物质文化遗产名录，传统医药项目类别，序号974。

附录2 大事记

春秋战国

侗族大歌初步形成；稻田养鸭已经成为中国种养结合的农业生产模式之一。

东汉

中国已经开始稻田养鱼。

唐

稻田养鱼已推广至关中。

宋

侗族大歌已发展的比较成熟。

明

黔东南侗乡稻鱼鸭系统已经形成。

清

康熙十一年（1672年），增冲鼓楼始建。

清朝末年，从江县地分属永从县、下江厅、开泰县和潭溪司。

中华民国

民国2年（1913年）从江县地分隶永从县、下江县和黎平县。

民国30年（1941年）从江县正式设置。

中华人民共和国

1950年12月，从江解放。

1964年，从江县侗歌队参加全国少数民族群众业余艺术观摩演出，受到毛泽东、刘少奇、周恩来等党和国家领导人的亲切接见并合影留念。

1981年，增冲鼓楼被列为贵州省重点文物保护单位。

1988年，增冲鼓楼被评为国家文物保护单位。

1989年，从江椪柑获“农业部优质农产品”称号。

1993年，从江椪柑荣获中国优质农产品博览会金奖。

1993年，从江香猪被农业部列为国家二级保护畜种。

1993年9月，从江县小黄村被贵州省文化厅命名为“侗歌之乡”。

1994年，从江县小黄村5位侗家小歌手参加了“94北京国际少儿艺术节”。

1995年6月，从江县小黄村5位侗家小歌手应邀赴京参加了中央电视台“六一”晚会现场直播。

1996年，从江县小黄村被中国文化部命名为“中国民间艺术之乡”。

1996年5月，从江县小黄村5名小歌手在北京参加了中央电视台庆祝“六一”民族娃进京演出。

1996年7月，从江县小黄村4名姑娘随中国民间艺术团赴法国演出，她们侗族大歌的演唱轰动了艺术之都巴黎，被世界音乐专家誉为“清泉闪光之音乐”。

1999年9月，从江香猪荣获“99中国国际农业博览会名牌产品奖”。

2003年11月，从江县小黄村举办了“小黄千人侗族大歌”演唱活动。

2004年8月，从江县小黄村5名歌手参加由中央文化部等组办的第二届中国南北民歌擂台赛，荣获“歌王”金奖。

2005年7月，从江县小黄村侗族大歌队在“黄果树”杯首届“多彩贵州”歌唱大赛中，荣获民间唱法最高奖“金黔奖”。

2005年9月，侗族大歌入选国家级第一批非物质文化遗产代表作名录。

2006年8月，从江县小黄村十三名侗族姑娘在第12届全国青年歌手电视大奖赛中，捧回了“原生态唱法银奖”和“观众最喜爱的歌手奖”两个大奖。

2006年9月，从江县小黄村四十名农民青年歌手，在《和谐中华》第三届全国少数民族文艺会演开幕式中，演唱侗族大歌，得到了党和国家领导人及广大观众的高度评价。

2006年12月，小黄被全国农业旅游示范点评定委员会评定为“全国农业旅游示范点”。

2006年，农业部将从江香猪列入《国家级畜禽遗传资源保护品种》。

2006年，从江椪柑通过“绿色食品（柑桔）”认证。

2006年，从江县小黄村“婵之歌”组合在第十二届CCTV青年歌手大奖赛个人单项决赛原生态唱法获得银奖。

2007年，从江县小黄村被国家旅游局批准命名为“全国农业旅游示范点”。

2007年4月，从江县小黄村少儿侗族大歌队随同国务院总理温家宝出访日本，并在日本东京参加“中日文化体育交流年——《守望家园》”非物质文化遗产保护开幕式演出，受到温家宝总理高度赞扬。

2007年10月，以从江为主要取景地的《鱼稻活丰年》在香港有线电视台播出。

2007年11月，从江县小黄村少儿侗族大歌队赴法国巴黎，参加“第三届中法地方政府合作高层论坛”的民间艺术友好演出。

2007年，从江县岜沙村被全国农业旅游示范点评定委员会评为“全国农业旅游示范点”。

2007年12月，从江县小黄侗族大歌队和苗族岜沙汉演出队赴京参加外交部2008年新年招待会，为各国驻华大使演出。

2008年，从江县增冲村入选第四批中国历史文化名村。

2009年，侗族大歌正式列入世界非物质文化遗产名录。

2010年5月，侗族大歌在中国上海世博会开幕会上演出。

2010年6月，系列专题片《农业文化遗产的启示》之《侗乡稻鱼鸭共作的科技秘密》在CCTV-7《科技苑》栏目播放。

2011年，从江侗乡稻鱼鸭系统入选全球重要农业文化遗产（GIAHS）保护试点地。

2012年5月，CCTV-1《魅力纪录》栏目在播出的《舌尖上的中国》之第七集《我们的田野》中介绍从江。

2013年3月，从江县侗寨禾晾景观荣获“中国最美田园”。

2013年6月，从江侗乡稻鱼鸭系统入选第一批中国重要农业文化遗产。

2014年2月，从江县岜沙村入选第六批中国历史文化名村。

2014年4月，从江县侗族大歌唱响西班牙马德里多彩贵州文化节开幕式。

2014年9月，中国气象频道《天人合一》摄制组进驻从江县对当地传统农业耕作场面进行拍摄。

2014年10月，从江侗乡稻鱼鸭系统亮相第十二届中国国际农产品交易会。

2015年1月，从江县侗乡稻鱼鸭生态示范园被认定为省级农业园区。

2015年3月，前全国政协主席贾庆林调研贵州省从江县小黄村。

2015年4月，CCTV-9《聆听中国》摄制组进驻从江县岜沙村开展专题拍摄活动。

2015年5月，从江侗乡稻鱼鸭系统作为中国农业文化遗产经典代表亮相意大利米兰世博会；侗族大歌的经典曲目在世博会期间向世界人民展示；韩国驻华大使馆农务参赞考察从江侗乡稻鱼鸭系统。

2015年6月，从江加榜梯田入选贵州省第五批文物保护单位。

2015年8月，CCTV-4《走遍中国》栏目组赴从江拍摄报道“从江香猪”专题节目。

附录3 全球/中国重要农业文化遗产名录

❶ 全球重要农业文化遗产

2002年，联合国粮农组织（FAO）发起了全球重要农业文化遗产（Globally Important Agricultural Heritage Systems, GIAHS）保护项目，旨在建立全球重要农业文化遗产及其有关的景观、生物多样性、知识和文化保护体系，并在世界范围内得到认可与保护，使之成为可持续管理的基础。

按照FAO的定义，GIAHS是“农村与其所处环境长期协同进化和动态适应下所形成的独特的土地利用系统和农业景观，这些系统与景观具有丰富的生物多样性，而且可以满足当地社会经济与文化发展的需要，有利于促进区域可持续发展。”

截至2014年年底，全球共13个国家的31项传统农业系统被列入GIAHS名录，其中11项在中国。

全球重要农业文化遗产（31项）

序号	区域	国家	系统名称	FAO批准年份
1	亚洲	中国	浙江青田稻鱼共生系统 Qingtian Rice-Fish Culture System	2005
2			云南红河哈尼稻作梯田系统 Honghe Hani Rice Terraces System	2010
3			江西万年稻作文化系统 Wannian Traditional Rice Culture System	2010
4			贵州从江侗乡稻—鱼—鸭系统 Congjiang Dong's Rice-Fish-Duck System	2011

续表

序号	区域	国家	系统名称	FAO批准年份
5	亚洲	中国	云南普洱古茶园与茶文化系统 Pu'er Traditional Tea Agrosystem	2012
6			内蒙古敖汉旱作农业系统 Aohan Dryland Farming System	2012
7			河北宣化城市传统葡萄园 Urban Agricultural Heritage of Xuanhua Grape Gardens	2013
8			浙江绍兴会稽山古香榧群 Shaoxing Kuaijishan Ancient Chinese Torreya	2013
9			陕西佳县古枣园 Jiaxian Traditional Chinese Date Gardens	2014
10			福建福州茉莉花与茶文化系统 Fuzhou Jasmine and Tea Culture System	2014
11			江苏兴化垛田传统农业系统 Xinghua Duotian Agrosystem	2014
12		菲律宾	伊富高稻作梯田系统 Ifugao Rice Terraces	2005
13		印度	藏红花文化系统 Saffron Heritage of Kashmir	2011
14			科拉普特传统农业系统 Traditional Agriculture Systems, Koraput	2012
15			喀拉拉邦库塔纳德海平面下农耕文化系统 Kuttanad Below Sea Level Farming System	2013
16		日本	能登半岛山地与沿海乡村景观 Noto's Satoyama and Satoumi	2011
17			佐渡岛稻田—朱鹮共生系统 Sado's Satoyama in Harmony with Japanese Crested Ibis	2011
18			静冈县传统茶—草复合系统 Traditional Tea-Grass Integrated System in Shizuoka	2013

续表

序号	区域	国家	系统名称	FAO批准年份
19	亚洲	日本	大分县国东半岛林—农—渔复合系统 Kunisaki Peninsula Usa Integrated Forestry, Agriculture and Fisheries System	2013
20			熊本县阿苏可持续草地农业系统 Managing Aso Grasslands for Sustainable Agriculture	2013
21		韩国	济州岛石墙农业系统 Jeju Batdam Agricultural System	2014
22			青山岛板石梯田农作系统 Traditional Gudeuljang Irrigated Rice Terraces in Cheongsando	2014
23		伊朗	坎儿井灌溉系统 Qanat Irrigated Agricultural Heritage Systems of Kashan, Isfahan Province	2014
24	非洲	阿尔及利亚	埃尔韦德绿洲农业系统 Ghout System	2005
25		突尼斯	加法萨绿洲农业系统 Gafsa Oases	2005
26		肯尼亚	马赛草原游牧系统 Oldonyonokie/Olkeri Maasai Pastoralist Heritage Site	2008
27		坦桑尼亚	马赛游牧系统 Engaresero Maasai Pastoralist Heritage Area	2008
28			基哈巴农林复合系统 Shimbwe Juu Kihamba Agro-forestry Heritage Site	2008
29		摩洛哥	阿特拉斯山脉绿洲农业系统 Oases System in Atlas Mountains	2011
30	南美洲	秘鲁	安第斯高原农业系统 Andean Agriculture	2005
31		智利	智鲁岛屿农业系统 Chiloé Agriculture	2005

2 中国重要农业文化遗产

我国有着悠久灿烂的农耕文化历史，加上不同地区自然与人文的巨大差异，创造了种类繁多、特色明显、经济与生态价值高度统一的重要农业文化遗产。这些都是我国劳动人民凭借独特而多样的自然条件和他们的勤劳与智慧，创造出的农业文化的典范，蕴含着天人合一的哲学思想，具有较高的历史文化价值。农业部于2012年开始中国重要农业文化遗产发掘工作，旨在加强我国重要农业文化遗产的挖掘、保护、传承和利用，从而使中国成为世界上第一个开展国家级农业文化遗产评选与保护的国家。

中国重要农业文化遗产是指“人类与其所处环境长期协同发展中，创造并传承至今的独特的农业生产系统，这些系统具有丰富的农业生物多样性、传统知识与技术体系和独特的生态与文化景观等，对我国农业文化传承、农业可持续发展和农业功能拓展具有重要的科学价值和实践意义。”

截至2014年年底，全国共有39个传统农业系统被认定为中国重要农业文化遗产。

中国重要农业文化遗产（39项）

序号	省份	系统名称	农业部批准年份
1	天津	滨海崔庄古冬枣园	2014
2	河北	宣化传统葡萄园	2013
3		宽城传统板栗栽培系统	2014
4		涉县旱作梯田系统	2014
5	内蒙古	敖汉旱作农业系统	2013
6		阿鲁科尔沁草原游牧系统	2014
7	辽宁	鞍山南果梨栽培系统	2013
8		宽甸柱参传统栽培体系	2013
9	江苏	兴化垛田传统农业系统	2013
10	浙江	青田稻鱼共生系统	2013
11		绍兴会稽山古香榧群	2013
12		杭州西湖龙井茶文化系统	2014
13		湖州桑基鱼塘系统	2014
14		庆元香菇文化系统	2014
15	福建	福州茉莉花种植与茶文化系统	2013

续表

序号	省份	系统名称	农业部批准年份
16	福建	尤溪联合体梯田	2013
17		安溪铁观音茶文化系统	2014
18	江西	万年稻作文化系统	2013
19		崇义客家梯田系统	2014
20	山东	夏津黄河故道古桑树群	2014
21	湖北	羊楼洞砖茶文化系统	2014
22	湖南	新化紫鹊界梯田	2013
23		新晃侗藏红米种植系统	2014
24	广东	潮安凤凰单丛茶文化系统	2014
25	广西	龙脊梯田农业系统	2014
26	四川	江油辛夷花传统栽培体系	2014
27	云南	红河哈尼梯田系统	2013
28		普洱古茶园与茶文化系统	2013
29		漾濞核桃—作物复合系统	2013
30		广南八宝稻作生态系统	2014
31		剑川稻麦复种系统	2014
32	贵州	从江稻鱼鸭系统	2013
33	陕西	佳县古枣园	2013
34	甘肃	皋兰什川古梨园	2013
35		迭部扎尕那农林牧复合系统	2013
36		岷县当归种植系统	2014
37	宁夏	灵武长枣种植系统	2014
38	新疆	吐鲁番坎儿井农业系统	2013
39		哈密市哈密瓜栽培与贡瓜文化系统	2014